목포
문학
기행

목포 문학 기행

초　판 | 1쇄 인쇄 2021년 10월 25일
　　　　1쇄 발행 2021년 11월 1일

지은이 | 김양호
펴낸이 | 김양호

펴낸곳 | 사람이 크는 책
등　록 | 제2019-000005호
주　소 | 전라남도 목포시 비파로 25-1, 5층
전　화 | 010-2222-7179

이메일 | yangho62@naver.com

사　진 | 김양호
디자인 | Design Bom

ISBN　979-11-968129-3-5(03980)

목포
문학
기행

김양호 지음

사람이 크는 책

목
포
문
학
기
행

서시

–

Prologue

가슴 미어드는 찬 바람 일렁일때
나는 참 그대가 그립다.

한편으로 영산강 둑 넘고
다른 한편으로 다도해 일렁이며 찾아오는
일상의 혜나루.

가을이 가는 이 아침,
목포 광장에 축포 터지면
나도 사랑하는 이 더욱 보고 싶구나.

무딘 대지 울리는 영혼의 소리
새 살 돋는 하늘의 은총
시푸른 햇살마저 일렁이면
유달산 거뜬히 올라선다.

2021년 10월
김양호

목포 앞바다에 펼쳐진 다도해

차례
—
contents

2
김 우 진　　　　　43

3
박 화 성　　　　　81

4
차 범 석   113

5
차 재 석   145

6
김 현   **173**

7
천 승 세   **205**

8
최 하 림   239

9
김 지 하

10
김 학 래

1

목포, 목포문학

목포 시내 전경

바다,

가을의 따사로움,

빛에 씻긴 섬,

영원한 나신(裸身) 그리스 위에

투명한 너울처럼 내리는 상쾌한 비,

나는 생각했다.

죽기 전에 에게 해를 여행할 행운을 누리는 사람에게

복이 있다고.

(니코스 카잔차키스, "그리스인 조르바").

지중해에 떠 있는 크레타 섬. 천혜의 바다 한 켠에 있는 하늘이 내린
보물같은 섬. 탐욕스런 인간들이 가만둘 리 없다. 수천 수만년 잦은
외세와 침입으로 정작 섬 주민들은 하늘의 은총을 누릴 겨를이 없

다. 이방인들이 들이미는 총칼에 원주민들의 일상은 죽임과 피압박의 고통과 불행의 연속이었다. 그러니, 그들의 소망은 생명과 안녕에 대한 영원함이었고, 그들이 부르는 노래는 자유에 대한 갈급함일 수 밖에 없었다. 바다에 막혀 피난처를 찾을 수 없는 섬 사람의 소리는 그래서 더 절실한 몸부림으로 나날이 쌓이고 켜켜이 부풀어졌으며, 그 풍성함과 퀄리티 높은 삶에 대한 호소는 당대의 대문호를 낳기까지 하였다.

니코스 카잔차키스, 그가 써내는 글은 갇힌 섬이라는 공간의 특수성에 그치지 않고 다른 공간의 많은 인간들에게 보편적 운명으로 넓혀졌다. 생명과 자유라는 모든 인류의 공통 운명과 소망으로 회자되고 울림이 되어 마침내 20세기 이야기꾼으로 우뚝 섰다.

유럽과 아시아 제국들이 각축전을 벌이는 중간 길목에 서 있던 크레타, 무장한 군사들이 전선(戰船)을 들이밀고 섬 이곳저곳을 훑고 지나다닐 때마다 노리고 약탈하던 것들은 무엇이었으려나, 에게 해의 푸른 빛과 섬 곳곳에 스며있는 창조자의 기묘한 솜씨들을 즐기며 인생의 영원과 행복을 자족할 줄 모르는 침략자들에게 하늘의 온갖 선물은 차라리 사치였으려나. 카잔차키스는 총 칼을 내려놓고 이 천혜의 공간에서 카르페 디엠을 호소한다.

전 세계인을 향해 에게 해, 빛에 씻긴 크레타 섬에 죽기 전에 오라고 카잔차키스는 손짓한다. 그건 행운이며 복이라고 설레발까지 친다. 나고 자란 고향에 대한 대작가의 자긍심 이어 받아 이 글을 쓰기 시작한 필자 역시 나의 어머니 땅이며 나의 삶터 '목포'에 대한 자랑과 충심으로 독자 제위들께 목포를 강력하게 초청한다.

바다 위의 섬 크레타, 그가 겪었을 역사 속의 고난과 평화에 대한 몸부림마냥, 지난 세기 한국의 근대화 과정의 굴곡진 역사와 사회 속에서 그 어떤 도시나 지역보다도 더 가열차게 살아 버텨온 땅, 대한민국의 남도 끝 목포를 가봐야 한다. 당신의 생애, 반드시 한 번은 목포를 찾아 목포를 숨쉬며 목포의 문화와 예술을 보듬고 며칠 쯤은 날밤을 함께해야 비로소 당신 인생이 보다 여물 수 있고, 당신 생애 참된 행운, 행복이라는 황홀한 수식어 덧붙일 수 있는 거다.

한국 근현대 첫 자락

지나온 100년 넘는 한국 근현대사에서 목포는 가장 압축된 고난과 역경의 역사 공간이며, 가장 풍성하고 부요로운 문화 예술의 터전이다. 목포는 우리나라 어떤 자리건 어느 분야에서건 항상 맨 앞에 있다. 이 세상과 사회의 그 어떤 영역이건 간에 '맨 처음'이니, '최초'니, '최고'니 하는 수식어를 달고 있다. 우리나라 서남해 끝자락에 위치한 지형 지세에 따라 불려진 이름이지만, 그 칭호에 걸맞게 목포는 지난 1세기 넘는 한국의 굴곡진 역사의 길목마다 고비마다 맨 앞자리에 섰고, 이 나라의 정치, 경제, 사회, 문화, 그리고 예술 등 모든 분야에 걸쳐 첫 자리를 열었다.

목포의 한자말 '木浦'는 '나무 목(木)'과 '개 포(浦)'의 합성어다. '나무 목'은 익숙한데, '개 포'는 낯설다. 순 우리말 '개'는 명사로 강이나 내에 바닷물이 드나드는 곳을 뜻한다. 한반도 서남쪽 끝자락의 조그마한 어촌마을이었던 이 지역은 영산강과 서남해 바다가 교차한다.

전라남도 담양 산골짝에서 시원하여 광주와 나주를 거치는 영산강 물은 영암과 무안을 거쳐 이곳 목포에 이르러 이젠 바다에 합류한다. 옆으로는 중국에 닿고 앞으로는 인도양과 태평양, 대서양을 휘돌며 온 세상을 유람하리라.

또한 '목'은 나무란 뜻도 있지만, 순 우리말로 '길목'이란 뜻이기도 하다. 예전에 나무가 많은 지역이라 해서 나무가 많은 포구란 뜻의 목포도 되지만, 바다와 강을 경계한다 해서 붙여진 이름이기도 하다. 강과 바다가 만나 이뤄진 포구, 목포라는 이름으로 1897년 개항 이후 130여년의 한반도 근현대사에서 모든 분야의 성장과 발달의 포구가 되어 왔다.

항구로서의 기능과 상업의 발달과 함께 각종 신문물의 나고 듦이 되었고, 모든 분야의 문화 예술마다 뿌리를 심고 꽃을 피워 내는 화수분이 되었다. 그러니 대한민국 국민이라면 당연히 목포를 찾아야 하지 않겠는가. 숨가쁘게 달려온 지난 격동의 시기를 가장 압축적으로 풍요롭게 간직하고 있는 근대의 도시, 문화예술의 1번지 목포를 찾는 것은 에게 푸른 바다 보물섬 크레타에서 자유의 춤을 덩실거리는 '그리스인 조르바' 이상의 기쁨과 생의 행복을 안겨 줄 것이다.

유달산이 깨어나고 삼학도가 기지개 켜고

1897년 10월 1일, 목포는 다시 태어났다. 부산, 인천에 이어 세 번째로 개항되었다. 당시만 해도 100여호 남짓 오륙백여명에 불과하였다. 나주목 무안현에 속하는 한 작은 포구를 지닌 어촌마을이었던 이곳엔 '만호진'이 있었다. 왜놈들의 잦은 침입을 대비하여 조선 시대 세종왕 때에 수군 진영을 갖추고 운영하였던 것이 당시까지의 목포를 말할 수 있는 다. 지금도 목포시의 한 동네 이름으로 '만호동'이라는 지명이 살아있고, 당시의 진영 진지와 객사가 잘 보존되고 있어 개항 이전의 목포를 엿보게 한다.

개항은 목포를 전혀 다른 모습으로 바꿔가는 기폭제가 되었다. 조선 시대를 마감하고 구한말을 지나 20세기를 겪었던 우리나라 전역이, 아니 전 세상이 다 그렇게 소용돌이 치며 격변의 시기를 지내왔다지만, 그 가장 집약적 엑기스는 단연 이 도시 목포다.

영산강 서남해를 잇는 한 작은 포구에 불과했는데, 항구 개발이 시작되고 전혀 다른 동력선들이 다니기 시작하면서 탈바꿈해 갔다. 하루가 다르게 달라지고 변화되며 개발되었다. 상업과 경제가 활성화되는 것을 시작으로 노동과 산업이 형성되고 외지에서 일자리 찾아 들어오는 젊은이들로 북적였다. 바다 항구에서 일하는 사람들이 늘며 인구가 증가하고 마을이 커졌다. 오래도록 웅크려있던 유달산이 깨이는 것 같았다. 바다에 오래도록 누워있던 삼학도 역시 기지개를 켜는 듯했다.

언어를 달리하고 피부색이 다른 외지인들도 들어오기 시작했다. 개항 도시가 되었으니 세관업무를 수행할 영국인 관리도 목포를 찾았고, 일본인과 중국인들도 들어오기 시작했으며, 천주교를 전하러 온 프랑스인과 기독교 전파하려는 미국 선교사들도 들어왔다. 1910년 한일병탄으로 인해 온 나라가 일제의 식민치하에 들어가게 되었고, 삼천리 강산과 목포는 피압박과 수탈의 고난과 굴욕을 겪게 되었지만, 근대화와 발전의 시계는 멈추지 않고 가속화하였다.

목포행 버스 안에서 목포 출신 대통령의 서거 소식을
듣는 게 묘했다.
버스 안 누군가가 깊은 장탄식을 내뿜는 소리가 들렸다.
정말 석 달 만이다.
노무현 대통령의 장례식장에서 따가운 햇살 아래
휠체어를 타고서 우왕,하고
울음을 터뜨리는 사진을 나중에 신문에서 보고
정섭도 소리없이 울었던 게 석 달 전이었다.
텔레비전 화면 가득,
김대중 대통령의 얼굴이 떠오르고 있었다.
목포에 내려갈 때마다
전직 대통령들의 죽음이 맞물리는 것이
참으로 묘하다는 생각을 하며,
정섭은 눈을 감았다.
눈을 감았는데 이상하게
자꾸만, "목포의 눈물"이라는 노래가 생각났다.

(공선옥, "영란").

개항 이후 목포의 주요 특산물은 '쌀', '목화', '소금'이었다. 모두 흰
색을 지녀서 삼백이라 했다. 검은색의 '김'을 더해 '삼백일흑(三白一
黑)이라고도 했다. 목포 항구를 통해 외지로 수출되었는데, 말이 그

럴 듯하지 사실상 일본으로 공출되는 거였다. 일제에 의한 수탈과
착취의 대명사, 목포 항구를 중심으로 벌어지는 목포라는 도시의 근
대화와 발전의 이면에는 죽임과 절망의 슬픈 역사가 가득 채워져 있
다. 해방이 되고 일본놈들이 도망갔다면 나아졌으려나, 이름만 달리
하는 집권자와 탐욕적 집단에 의해 목포는 아주 오래도록 박탈과 소
외되는 세상을 건너왔다.

목포는 '눈물'인가?

그렇게 전라도와 목포는 으레 '목포의 눈물'로 치부되어 왔다. 정치
적으로 경제적으로 비켜 서있는 듯하게 당하면서도 봄이면 어김없
이 산과 들에 풍성히 넘치는 먹을거리 덕에 인심은 흉하지 않고 푸
근했다. 독재와 살얼음 걷는 인권의 현대 공간에서도 움추려 들지
않고 늘 핏대 세우며 이 나라의 민주주의와 자유 평등을 외쳤다.

조선 중기 이후 노론 정권부터 시작하여 매국노 집단과 일제 식민치
하를 거쳐, 해방이후 독재와 군부정권으로 이어지는 수백년 뒤틀린
집권 세력하에서 마침내 이 나라 백성들이 민주적이고 개혁적인 집
권을 이뤄냈던 게 불과 얼마 전이었다. 그 환희와 감격이 오래 지속
되지 못하고 그 상징적 인물이었던 두 전직 대통령이 국민의 곁을
떠났을 때 민주와 자유를 사랑하던 모든 이들이 참으로 슬픔에 겨워
눈물을 흘려야 했다.

공선옥의 소설 "영란"의 주인공이 자신과 주변의 슬픈 이야기를 좇
아 목포를 찾아가는 그 순간에 두 전직 대통령의 연이은 사망이 닥

치는 것은 우연이 아니다. 소름끼치도록 너무도 아프게 오버랩되는 공과 사의 비운, 그 배경에 목포가 팬스리 끼는 게 아니다. 목포는 그렇게 늘 '목포의 눈물'이었다.

강점기와 독재 정권으로 이어지는 지난 세기의 근현대사에서 우리나라가 감당해야 할 숱한 비극과 슬픔의 역사, 눈물과 오욕의 시기를 압축하고 상징해 내는 도시, 목포와 눈물. 그 한과 아픔을 끔찍이도 어린 시절부터 새기고 사는 게 목포의 젊은이요 시민이다.

필자 역시 익숙하게 몸에 지니며 자랐는데, 머리가 커지고 감정이 오른 20대 후반 언젠가부터 그게 싫어졌다. 상당히 기분 나쁘게 여겨질 정도였다. 어쩌다 서울을 다녀 오는 길에 고향에 다시 들어설 때면 버스나 기차에서는 늘 "목포의 눈물"이 울렸다. 버스 기사나

유달산에 있는 목포의 눈물 노래비

기차의 기관사는 왜 꼭 목포에 도착할 때면 그 음악을 튼단 말인가? 때론 그게 이제 목적지에 무사히 도착했다는 안도감이며 고향의 포근함이기도 했지만, 왜 듣기 좋은 노래도 많을텐데, 한결같이 '눈물'인가?말이다. 목포는 그것 밖에 없나, 다른 건 없나, 이젠 다른 것도 만들어야 하지 않냐? 말이다.

우리 안에 있는 우울하고 비극적인 시간과 이야기를 도외시하거나 모른 체 할 수는 없다. 그렇다고 언제까지 눈물 섞은 과거의 영욕에 휩싸여 그것으로만 이 도시를 내뱉고 특징지어서야 되는가? 그것은 또 하나의 자해적 코스프레 아닌가, 값싼 동정에 기우는 최루성 포르노이지 않나. 아픔에 대한 위로는 응당 있어야 하리라. 그것이 마음이라도 치유하는 값은 한다. 그런데 그 뿐, 뭐 달라진 게 있나? 어찌보면 악한 집단과 세력들의 공고한 체제에 길들여지는 꼴이다. 상황을 이겨내고 개선하려는 비전과 열정을 잠재우고 슬픔과 탄식의 신파조를 뇌까리는 건, 무기력, 도태의 마약일 뿐이다.

"영란회집"을 필두로 몰려있는 민어의 거리.
소설 '영란'과는 무슨 관계 있으려나?
(목포시 번화로 42)

지난 세월을 특징하고 세밀히 뜯어 새겨보며 감내할 건 감내하고 치유할 건 치유하며 다른 세계로 역사로 나아가야 한다. 작가 공선옥이 그린 소설 "영란"은 그 미쁜 비전을 제시하고 있어 참으로 솔갑다. 상당히 고맙다.

자신이 실은 그 여자를 찾기 위해 목포에 왔다기보다
그 여자의 슬픔이 자신을 이곳에 오게 한 것일지도 몰랐다.
그러나, 이제 그 여자도, 그 여자의 슬픔도
희미해지고 있었다.
목포에 몇십 년 만의 폭설이 내렸던 지난 겨울 저녁,
오거리주점에서 목포 문예모 사람들과 오랫 만에
어울리고 있는데,
윤호에게서 전화가 왔다.
전화를 받으려고 밖으로 나왔는데,
눈이, 함박눈이 고요하고도 풍성하게 내리고 있었다.
윤호는 마누라가 자신을 돈으로 조종하는 것 같은
기분이 들어 결코 합치고 싶은 마음이 안 들다가도
문득, 그 모든 '비참함'과 그 모든 '굴욕'과
그 모든 '참담함'에도 불구하고,
간절히 함께 살고 싶어지기도 하여,
마음이 하루에도 열두 번씩은 괴롭다가
행복해 지기도 한다고 했다.

(공선옥, "영란").

간호조무사 일을 하며 살아가던 주인공 '나'에게 '가족'이란 행복을 누릴 시간 보다는 불행의 시간이 더 익숙하다. 어렵사리 결혼하여 가정을 이뤘고 아들을 낳아 살아가는데, 아들은 자폐아다. 어느 여름날 아이는 물놀이를 하다 그만 익사 사고를 당하고 만다. 그리고 얼마후 남편마저 차 사고를 당한다. 갑작스레 남편과 아들을 저 세상으로 보냈다. 죽음과 이별의 고통, 어릴 적에는 의붓아버지 밑에서 자라야 했으니 나에게 가족이란 불행과 병치되는 인생이다.

빵과 막걸리로 슬픔과 눈물을 겨우 버티는데 남편의 친구되는 '이정섭'이 찾아오고, 이정섭은 또다른 친구의 부음을 듣고 조문하러 목포에 가는데, 불안에 떨던 나를 데리고 간다. 생각지도 않게 목포를 찾아 거기 눌러앉아 살게된 나. 목포의 한 숙소인 '영란여관'에서 마주하는 목포의 사람들은 나와 별 차이없는 슬픔을 저마다 안고 있다.

역시 어릴 적부터 어머니는 알 지 못한 채 홀아버지 밑에서 자란 '수옥', 치매에 걸린 어머니를 모시고 사는 슈퍼가게 주인 '조인자', 그리고 '완규'라는 남자와 그의 어린 조카 '수한', 등등. 특별히 잘나지도 않은 평범하면서도 조금은 인생의 슬픔과 고통을 안고 살아가는 목포 사람들 틈에서 결이 다른 삶의 행태와 마음푸근한 정경을 접한다. 바닷가에 우뚝 선 바위로 뭉쳐진 유달산의 생명력 아래 바다도시 항구에서 울려나오는 사람들의 따스한 온기와 찰지기 그지없는 전라도 말씨에 녹아 '나'는 하루 하루 옛 상처가 아물어지고 새로운 '영란'으로 다시 태어난다.

이별과 눈물의 인생에서 새롭게 대하는 만남과 삶의 희망으로 거듭난 이야기 뒷배가 목포라는 게, 그리고 목포의 여러 면면을 아주 곰살스럽게 그려내고 있다는 게 너무도 큰 매력으로 다가왔다. 하여 필자는 이 책의 첫 머리에 끄집어 댕기며 이렇게 목포와 목포문학기행을 시작해 보련다.

예향 목포를 키워낸 것은

어찌보면 지금껏 근현대 역사 속에서 가장 비약적으로 성장 발달하며 전국에서 상대적으로 가장 정점의 위치에 있었던 목포의 시간은 1930년대였다. 종래의 보부상 시스템을 뛰어넘는 상업을 시작으로 부두 노동과 함께 여러 분야의 산업이 일어서고 공장의 기계가 돌아갔으며, 자연스레 사람들은 활기를 뛰고 열심을 내며 가정경제도 달라지고 지역사회 환경도 변하였다. 종래의 섬과 섬 사이 바다를 메꾸어 육지가 되고 그곳에 집과 마을이 생기며 목포의 규모는 점차 넓혀지고 인구 증가는 하루 밤새 불어만 갔다. 1935년 목포는 인구 6만을 넘어서며 3대항 6대도시로 자랐다.

도시의 발달은 자연스레 문화 예술 분야에도 영향을 미쳤다. 전혀 다른 새로운 형태의 인간 군상의 모습이, 치열하게 몰아가는 하루하루의 삶의 현실이, 천지개벽하고 상전벽해하는 유달산 아래 도시의 풍경이 피끓는 청춘들을 가만두지 않는다. 여린 심성이지만, 속내 삭히지 못하는 끼 넘치는 젊은이로 뭔가를 끄적거리게 하고 그림을 그리게도 하고 만들고 쪼며 작품이란 걸 내놓게 한다. 그렇게 이 도시의 젊은 분출물은 그 양적 풍요만큼이나 질적 우수함으로 사람들을 흥분케하고 고상하게도 하며 감동과 행복을 안겨다 주며 이 땅의 문화예술을 펼쳐 내었다.

대한민국의 문화 예술을 돌아보면 가히 목포가 그 핵이다. 화수분처럼 나고 자란 곳이 목포다. 한국화를 개척하고 이끈 남농 허건과 서양화의 대가 김환기, 한국 근대극을 개척한 김우진, 소설 문학의 대업을 이룬 박화성, 한국 수필계의 대부 김진섭, 생명을 노래하는 시인 김지하, 한국 평론계의 큰 봉우리 김현, 전원일기 작가 차범석, 승무와 살풀이 춤꾼 이매방, 목포의 눈물 이난영,... 수 백 수 천의 예인들을 여기에 다 넣을 수 없음이 아쉬울 뿐이다.

'목포 오거리', 목포 역에서 가까이 있는 이 공간은 목포 문화예술의 자궁이었다. 이곳에 밀집해 있었던 다방과 음식점마다 사람들로 넘쳤고, 으레히 문화 예술가들이 늘상 진첬다. 달리 전시관이 없었던 예전 이곳 찻집에 시와 그림을 걸어놓고 함께 감상하며 갑론을박 격론을 벌였다.

지금은 많은 풍경들이 바뀌었지만, 얼마전까지만 해도 목포 시내 어느 다방을 가도 어느 음식점엘 가도 한국화 한 두 점은 다 걸려 있다. 뿐만이랴, 웬만한 시내 가정집에도 다 그림 한 두 개는 걸었다. 목포 시민이라면 진본이건 가본이건 남농 허건 선생과 그 문하의 그림은 가지고 있어야 하고 그게 무엇인지 침 튀기며 흥분조로 설명할 수는 있어야 했다. 예술가라고 따로 있으랴, 목포에서 나고 자란 이라면 웬만한 그림이나 글씨는 상당한 수준에 이른다. 전문가와 비전문가가 따로 없고 그 차이가 크지 않다.

진도에선 노래 자랑 말고 벌교에선 주먹 자랑 말고 여수에선 돈 자

랑 말라듯이, 목포에선 그림 자랑 말고 예술 함부로 아는 체 말아야
한다. 목포 사람은 예술이 일상이며 생활이다. 시민 거개가 다 일정
수준을 지닌 예술인이다. 양적 자원에서 그렇고 질적으로도 그러니
목포를 예향이라 하는 거다. 유별날 것도 특별날 것도 없는 자연스
레 자득한 영예일 뿐이다. 박화성 선생도 이 고장이 자신의 문학을
자연스레 키워 냈다고 말하지 않는가!

나는 그처럼 평탄하지 못한 생을 받아
노경에 드는 부모님의 막내동이로 남쪽 항구에서 태어났다.
그래서 바다는 나의 요람이었다.
망망한 푸른 바다에 점점이 떠있는 많은 섬들과
그 섬들 사이사이로 미끄러지듯 빠져 다니는 흰돛단 배들,
그 위를 너울대는 갈매기들,
그리고 저쪽 수평선 하늘에 뭉개져 움직이는 구름 송이 송이.
이런 것들은 유달산 중봉 잔디밭에 높직히 앉아
고요히 고요히 그 풍경을 지켜보고 있는 어린 내게
학교의 교과서보다도 더 소중하고 신비로운 것들을
암시해주고 일깨워주고 북돋아주었던 모양이었다.

(박화성).

박화성 선생의 고백은 그리스인 조르바의 독백과 너무도 닮아 있
다. 영락없는 '복붙이'다. 아시아 동쪽 끝과 서쪽 끝이라는 수천 킬
로 떨어진 지리적 차이와 너무도 다른 민족적 사회적 역사적 차이

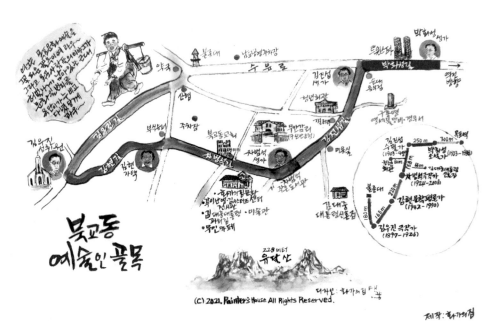

예향 목포를 일군 북교동 예술인골목 안내도
(그림: 화가의 집 정태관 대표)

등에도 불구하고 예술가들이 품고 뿜어내는 소양과 기질은 소름돋
을 정도로 보편성을 지닌다.

김우진과 함께 목포 문학을 대표하는 작가 박화성 선생의 문학적 자
양분은 목포라는 지리적 환경적 요소가 기본이요 거개였다. 목포 앞
바다, 그 헤아리기 불가능한 넓은 공간에 점점이 흩어져 늘어진 섬
과 섬들, 그 바다와 섬 사이를 떠돌며 유영하는 하얀 돛을 단 배들,
육신의 눈으로 세보는 저 멀리까지 스멀스멀 찾아 떠도는 하얀 구름
까지. 목포를 대표하는 유달산에서 내려다보는 사방의 풍경들은 박
화성에게 뭔가 내뱉지 않고는 못배길 자극을 찍어내고 그렇게 마음
껏 쏟아내고 자아낸 대작들을 풀어낸 것이다.

목포 문화예술의 산실, 목포 오거리
(목포시 영산로 75번길)

문화예술 사랑방, 목포오거리

목포 공간에서의 문학 활동은 개항되기 이전에도 이미 있었다. 옛 조선시대에도 이곳 목포에는 문학 풍류를 즐기던 이들이 있었다. 유달산 숲속에 고즈넉하게 자리잡고 오랜 세월 변함없는 자태를 뽐내는 정자 건물 한 채가 이를 반증한다.

국내 유일의 시사(詩社)로 현존하는 목포시사. 유달산 노적봉 앞에서 산허리를 감도는 일주도로를 따라 조각공원 쪽으로 약 2km쯤 가다 왼쪽으로 조금 올라가면 숲 속에 살짝 숨어있다. 1890년 여규형 등이 건립하여 유산정이라 부르며 문인들에게 시문을 가르치고 백일장 등을 주도하던 곳이었으며, 개항 이후에는 정만조에 의해 본격적으로 확대 발전하며 유산시사, 목포시사로 거듭났다. 문사들이 서로 시문을 독려하고 자연과 시를 노래했던 목포시사는 글을 즐기는 지역의 유림과 시인들의 모임 이상으로 일제시기 망국의 한과 우국충정을 토로하는 문학결사단체이기도 했다.

한국의 근대문학을 열고 목포의 근대문학이 본격적으로 출발한 것은 1920년대이다. 김우진, 박화성, 김진섭 등이 각기 희곡, 소설, 수필 분야에 걸쳐 포문을 열고 목포 문단시대를 열었다. 1920년대를 뜨겁게 풍미했던 김우진은 한국 근대 문학을 연 장본인이다. 목포의 신여성 박화성은 당대의 시대상과 민중들의 삶을 올곧게 소설로 담아내며 한국 소설계의 지평을 열어갔다. 목포에서의 삶은 짧지만, 이곳 태생의 김진섭은 한국 수필문학의 뼈대를 틀 지었다. 일제강점기 시대 이들 외에도 목포청년운동이 주도한 카프문예와 "목포평론", "호남평론"의 문예지 발행 등에서 일제강점기 목포문학이 차지하는 비중과 위업이 가히 짐작된다.

해방후 1950년대 이후에도 목포 문학은 새로운 인재들로 넘치고 풍요로웠다. 교육자이며 수필가였던 조희관 선생은 전후 황폐한 시대에서 목포 문단을 새롭게 하고 이끌어 냈던 일군이었다. 전라도 토박이 말을 사랑하며 작품속에 고스란히 드러내곤 했던 그의 작품은 향토의 수필문학을 융성케 했다. 한국 사실주의 연극을 완성했다는 차범석, 목포예총의 터줏대감이라는 그의 동생 차재석, 박화성의 아들로 토속적 휴머니즘 소설을 써낸 천승세 등이 저마다 목포와 서울을 오가며 중앙문단과 지역문단을 피우고 열매를 내었다. 1960년대엔 김현, 김지하, 최하림 등이 등단하였고, 70, 80년대엔 김학래, 이

생연, 최일환, 최재환, 박순범 등 목포 지역에서 학교 선생으로 아이들을 가르치며 활발히 글을 써내던 목포문인들로 목포문학은 최전성기를 보냈다.

4인 복합 목포문학관

목포시 남농로 95, 입암산 중턱에 자리한 '목포문학관', 목포의 문학을 짧은 시간에 핵심있게 알고 느낄 수 있도록 집약시켜놓은 공간이다. 김우진, 박화성, 차범석, 김현. 목포를 대표하는 4인을 기념하여 조성해 놓은 우리나라 최초의 4인 복합문학관이다. 혹 어느 곳에 2인 복합문학관은 있다고 들었는데, 4사람이나 함께 만들어 놓은 곳이 2021년 가을 아직 없다면 유일하다는 명성도 지금은 유효한 셈이다. 목포 문학의 풍성함을 엿볼 수 있는 또 하나의 상징이요 실체인 셈이다.

목포 근대 문학을 연 김우진, 한국 현대 소설의 큰 산맥을 일궈낸 박화성, 전원일기 작가 차범석, 그리고 문학 평론계의 큰 봉우리를 쌓았던 김현. 이들의 일생과 문학업적을 한 눈에 볼 수 있고, 그들이 남긴 손 때 묻은 원고지와 유품들에서 진한 문학의 향기를 맘껏 들이킬 수 있다.

지상 2층 규모의 목포문학관은 1층에는 박화성과 차범석, 2층에는 김우진과 김현 등 4개의 실을 갖추고 있고, 세미나와 공연 활동을 위한 문학체험실, 문인들의 작품활동을 돕는 문학창작실, 도서 정보 자료를 갖추고 연구와 교제를 하기 위한 문학인사랑방 등이 있다.

입암산 둘레길, 갓바위 문화타운에 있는 목포문학관. 2021년 10월 목포문학박람회를 개최하였다.
(목포시 남농로 95)

갓바위는 두 사람이 삿갓을 쓴 특이한 형태의 바위로 천연기념물 500호로 지정되어 있다.
(목포시 용해동 산 86-24)

목포문학관 일대는 갓바위 문화타운이라고 한다. 바위가 선 형상을 띤 입암산(立巖山) 아래 굽이 굽이 돌아나가는 바닷가를 따라 문학관 외에도 여러 문화시설들이 줄지어 서 있다. 국립해양유물전시관, 자연사박물관, 남농기념관, 생활도자전시관, 옥공예전시관, 그리고 복합 전시 및 공연 시설인 목포문화예술회관 등등 이른바 문화벨트를 이루고 있다. 주변 경관의 아름다움과 함께 펼쳐진 이 공간에는 일체의 여타 상업시설은 들어오지 못한다. 입암산 끄트머리 바다에 반쯤 앉아 있는 갓바위가 있어 목포 찾는 여행객들에겐 더더욱 특별한 여운을 안겨준다.

천연기념물 500호, 갓바위. 갓 모양을 쓴 얼굴 형태로 두 개가 나란히 있다. 영산강 하류 바다와 접해 수 천 년 해수와 담수가 일궈낸 조류와 파도에 의해, 그리고 수없이 오가는 차고 더운 바람 맞아가며 이뤄진 상서로운 바위다. 보통 바다에 접한 바위마다 남녀간의 이별과 아픈 사랑이 베어 있곤 한 데, 목포 갓바위는 부자간의 효행과 애틋한 정을 담고 있다. 병든 아버지가 사망하여 장사를 지내는 중, 아들이 실수로 관을 바다에 빠트리게 되었고, 불효와 슬픔으로 이곳을 지키던 아들도 바다에 빠져 사망하게 되었는데, 후에 두 바위가 솟아올라 이 자리를 지키게 된 것이다.

목포 개항이후 125여년이 되어 간다. 일제강점기와 해방, 전쟁의 상처와 아픔이 이어지며 산업화 도시화 속에 지난 70.80년대만 해도 목포문학은 영화로웠고, 이야기가 넘쳤으며, 무용담도 크고 많았는데, 세월이 더 흐른 지금의 2020년대는 과거 속에 묻혀가는 듯하다. 옛 시절을 그리워하며 간간히 그저 씁쓰레한 추억담으로 자위하고

목포근대역사 거리에 조성된 김우진 책방
(목포시 해안로 173번길)

쓴 웃음 짓는 것으로 흘려 보낼 수만은 없다.

과거를 딛고 오늘 부단한 열심내는 지금의 목포 문학계와 문인들의 태도와 몸부림이 참으로 절실하고 귀하다. 목포 문학의 엑기스를 선보인 목포문학관에 이어 목포문화재단의 창작활동 지원과 문화행사들, 김우진 문학제, 박화성 연구회, 김현 문학제 등의 부단한 연구와 축전, 그리고 신진 발굴을 위한 '목포문학상' 제도는 이미 10여년을 훌쩍 넘어 서고 있고, 목포문협의 정간물은 "목포문학"에 이어 "문학목포"로 제호를 바꿔 여전하고 그 외 개인과 동호회 별 문예 출판이 활발히 이어지고 있다.

대한민국 예술의 도시 목포, 그리고 문향 1번지 목포문학. 그 빛깔 고운 이름과 명품들을 찾아 하늘 축복받은 도시 목포의 골목 골목을 들어가 본다.

2
김
우
진

김우진을 비롯한 숱한 목포의 문예인들이 나고 자란 곳, 북교동

목포의 핫 플레이스, 목원동! 한국 근대 역사 문화의 1번지는 서남해 끝 항구에 자리한 목포이며, 그 중에서도 유달산 자락 아래 양지바른 곳에 펼쳐 있는 목원동이다. 한국 개화기 이후 근, 현대와 산업화를 지나온 한 세기 동안 상업과 경제 발전을 토대로 각 분야에 걸쳐, 특별히 문화와 예술 분야에서 우리나라의 초석이 되고 기름을 부었던 곳이 이 동네이다. 김우진, 박화성, 김진섭, 차범석, 김현 등이 이 마을에서 나고 자라며 한국 문학을 심고 길렀으며, 하늘이 내린 춤꾼 이매방, 한국 대중음악의 전설 이난영과 남진, 한국화의 남농 허건 등 우리나라 문화예술계의 거장들 또한 이곳에서 예술의 열정을 불 태웠다. 그뿐이랴? 대한민국 민주주의의 화신 김대중 대통령이 어린 시절과 신혼 시절을 이곳에서 보냈고, 미국 개신교 선교사들이 이곳에 선교센터를 조성

하고 교회와 학교, 병원을 세워 전라남도의 근대를 일으킨 곳이기도
하다.

유달산 품 아래서 문학이 피다

목포의 상징 유달산이 품고 있는 마을, 목원동. 예전 북교동, 양동,
죽동 등을 합쳐 새롭게 행정구역을 개편하고 새 이름을 지었으며,
이곳을 목포시에서는 지난 역사와 문화를 아우르며 새롭게 거듭난
마을 공간으로 재생했다. 세월이 흐르고 신 도시가 옆으로 이전해
가며 옛 영화와 주민들이 사라져 가는 이 곳 목원동. 그 옛 영화를
되찾기 위해 골목과 집들 마다에 온통 그림과 글씨로 거리의 미술
관, 문화예술의 흥취를 재생하는 벽화마을을 조성하였다. 지난 100
여년의 문화예술과 시민의 삶을 재생했으니, 유달산 오르는 언덕길
을 따라 목마르트 거리, 구름다리 거리, 김우진 거리 등 3가지 테마
를 만들었다.

첫째, 목마르트 거리는 프랑스의 몽마르트에서 힌트를 얻어 목포의
몽마르트라는 의미로 이름하였다. 몽마르트 언덕은 유,무명 화가들
의 작품들이 촘촘히 늘어서 있고 아름다운 시내를 내려다 볼 수 있
는 파리의 대표적 명소다. 고흐가 그린 '몽마르트 거리 풍경'이 떠오
르기도 한다. 목포 목원동의 이 거리가 상당히 닮아 있다. 고흐를 비
롯한 숱한 화가들이 파리를 중심으로 명성을 떨쳤다면, 이곳 목원동
에는 한국화의 고봉을 이룬 남농 허건 화백이 평생 그림을 그려내던
곳이며 한국이 낳은 세계적인 서양화가 김암기 화백이 젊은 시절을

보낸 곳이기도 하다. 유달산 노적봉으로 오르는 길이기에 역시 이곳에 올라 한국 근대역사와 문화를 품고 있는 목포를 한 가슴에 들이켜 볼 수도 있으며 노적봉 아래엔 김암기 미술관이 자리하고 있고, 남농 허건 미술관은 갓바위 문화예술 타운에 조성되어 있다.

둘째, 구름다리 거리는 목포 역에서 목포 북교초등학교로 이어지는 수문로의 중간 지점에서 유달산으로 오르는 길이다. 목포 근대 청년운동의 산실인 청년회관과 이매방 등이 활약한 옛 예기권번 터, 그리고 차범석 생가 등을 지나 유달산에 있는 예술타운으로 올라가면 목포 원도심을 조망할 수 있고 좀 더 올라가면 목포 불교를 대표하는 전통 사찰, 달성사를 대할 수 있다.

셋째, 김우진 거리는 한국 문화예술사에 군더더기 수식어가 외려 불필요한 김우진을 기억하는 곳이다. 불종대에서 유달산으로 이어지는 골목길을 따라 김우진이 예전 살았던 북교동성당으로 오르는 길이다. 주변 길을 따라 오르며 마을을 돌면 온통 그의 주요 작품과 글들이 예쁘장하게 채색되어 지나는 이들의 눈과 마음을 자극한다.

한국 근대극을 열다

20세기를 시작하며 우리나라 근대문학은 시와 소설을 중심으로 싹을 틔웠다. 그리고 희곡이 시, 소설과 함께 근대 문학의 한 갈래로 자리를 잡기 시작한 건 1920년대 들어서였다. 김우진이 그 포문을 열었다. 김우진은 일본 도쿄 유학시절, 조선 유학생 20여명으로 극예술협회를 조직했다. 이들은 매주 토요일 모임을 통해 셰익스피

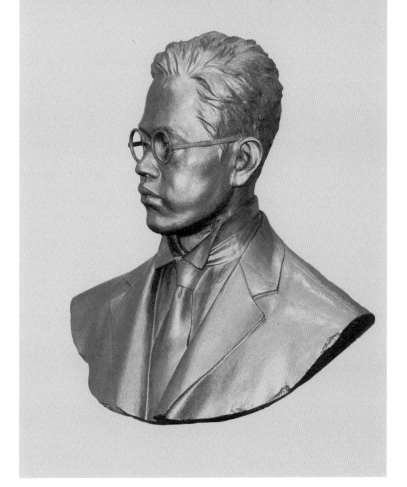

"창공은 내 위에
살려는 힘은 내 안에"

곡선의 생활 중에서

어, 괴테, 체홉, 고리키 등 외국의 고전과 근대극 작품을 읽고 토론하며 문학과 연극 운동에 불을 지폈다.

1921년 여름 일본 유학생들과 노동자 단체로부터 회관 건립 모금을 위한 연극단을 조직해 홍보활동을 해 달라는 요청에 김우진 등은 동우회순회연극단을 만들었다. 공연비 부담과 함께 대표와 연출을 김우진이 맡았다. 그리고 김기진, 홍해성, 마해송, 홍난파, 윤심덕 등으로 각자 역할을 분담하여 공연작을 준비하고 국내 순회공연에 나섰다.

동우순회연극단

동경에 있는 조선인노동자 삼천여명으로 조직된 동우회에서는 순회연극단을 꾸며서 조선 각지를 돌아다니면서 순회 연극을 하고자 금년 봄부터 여러 가지로 준비를 하여 오던 중 금년 하기를 이용하여 남녀 유학생 삼십여명으로 순회연극단을 조직하여 작일 아침에 부산에 상륙하였다.

수천리 타향에서 무한한 고생을 겪는 사람들이라 그 중에는 생활이 곤란하여 노동을 하고자 간 사람도 있을 것이요, 혹은 뜨거운 마음과 피끓는 가슴으로 문명의 바닷물을 얻어 마시고자 간 고학생도 있을 것이라.

그 목적은 하여간 모두 그들은 생존경쟁의 급격한 물결과 싸우고자 하는 자들이며 더욱 금번 순회연극단에 가입한 남녀 학생은 모두 상당한 교육을 받은 학생들이라.

사랑하는 부모의 슬하와 정들은 고국산천을 떠나 멀리 타향에 외로히 있으면서 천신만고로 학업을 닦는 그들의 괴로움이 과연 어떠하리요.

아침에 우유 수레를 끌고 저녁에 신문지를 팔아서 갖은 고난과 갖은 천대를 알뜰히 받으며 견디어 가는 그들이라.

금번 각지를 순회 연극할 때에 뜻있고 눈물많은 지방 인사는 심대한 동정을 기울여 동단을 환영할 줄도 깊이 믿는 바라.

더욱 그들이 지독한 고난을 겪으니 만큼 그들의 몸과 마음이 어울려 철석같은 단련을 받은 지라.

그들은 이제 어두운 조선사회의 개혁을 두 어깨에 짐을 스스로 깨닫고 금번에 연극을 꾸민 것이니 그들의 출연한 〈김영일의 사(死)〉, 〈찬란한 문〉, 〈최후의 악수〉 등 삼편은 모두 조선 현대의 사회를 중심으로 하여 열렬한 새 사람의 부르짖음을 표현한 것이라.

보통 연극단에서 얻어 보지 못할 깊은 뜻을 발견할 터인 바 동단은 남조선 각지를 순회하고 금월 삼십일에 경성에 도착하여 그 이튿날부터 경성에서 삼일간 출연할 예정이더라.

(동아일보, 1921년 7월 7일).

1921년 7월 9일 부산을 시작으로 21일 목포, 22일 광주 등 8월 18일까지 김우진이 감독하며 연출해 낸 전국 공연에 조선의 젊은이들은 감동과 흥분으로 응대했다. 근대 계몽의 자아 각성에서부터 3.1 독립혁명의 여파로 인한 민족의 자주 독립과 사회의식이 고조되던 시기와 맞물린 까닭에 대단한 열기와 환호, 그리고 충격을 일으켰다. 지금으로부터 100여년 전, 모든 것이 미숙하고 아예 그 개념 조차도

생소하던 피식민지 조선에서 어떻게 연극이라는 예술 활동을 만들어 조선을 깨우고 젊은이들의 가슴에 신문물의 파도를 일으켰을까? 그 대단한 엔터테인먼트의 작은 불꽃을 일으킨 전사 김우진은 어떤 연유로 한국 근대 문학과 연극사에 또렷한 길을 내게 되었으려나?

김우진 생가, 북교동성당

김우진은 1897년 9월 19일 전남 장성의 관아에서 태어났다. 아버지 김성규는 장성 군수로 재직중이었으며 그가 1903년엔 무안감리로 전근하면서 감리서가 있던 이곳 북교동에 이사하게 되었다. 김우진이 아버지와 가족을 따라 당시 개항장이었던 목포에 터를 잡고 유달산 아래 북교동 언덕에서 어린 시절을 보내며 문학 소년의 꿈을 키우게 된 것이다.

유달산 자락아래 언덕을 둘러치며 개화기 이후 몰려들었던 식민지시기 목포시민은 거개가 여기에 마을을 짓고 살았다. 예전 이름은 북교동이다. 이 동네의 옛 역사와 문화의 추억을 담아 세 개의 특화된 거리를 조성하였는데, 대표적 인사 김우진 길에는 불종대부터 시작하여 김우진의 옛 생가와 북교초등학교 등이 있다.

현 북교동 성당 일대는 예전 김우진의 생가가 있었던 자리이고, 옛 집의 이름은 '성취원'이라 불리웠었다. 고위관료를 지낸 아버지 덕에 상당한 부지와 대궐같은 집이었다. 김우진의 동생 김익진이 아버지가 물려 준 유산을 모두 천주교회에 헌물하였던 까닭에 성당으로 바뀌어 사용되고 있다.

목포 북교동성당은 1958년 5월 본당 설정과 동시에 목포에서는 산 정동성당과, 경동성당에 이어 세번째로 세워진 성당이다. 대지 1,771평에 건평 292평 규모로, 잘 가꾸어진 성모동산과 정원, 넓은 잔디밭과 운동장이 유달산 아래 평화롭게 안겨있다. 김우진의 옛 집 이었던 만큼 그를 기리는 기념비가 성당 내에 있다. 한 사제관 앞 잔 디밭에 있는 비에는 "이곳은 신학문 초기에 극문학과 연극을 개척 소개한 수산(水山) 김우진 선생이 청소년기에 유달산 기슭을 무대 삼은 희곡 〈이영녀〉 등을 썼던 자리임"이라 써 있다.

북교동 성당에서 조금 떨어진 곳에 목포북교초등학교가 있다. 김우 진이 이 학교를 다닐 때 이름은 목포공립보통학교였다. 김우진이 태 어나고 목포가 개항하던 1897년 개교하여 지금껏 120여년 넘는 긴 역사를 잇고 있다. 후에 여러번 이름을 바꿔 현 북교초등학교로 오 늘에 이르는데, 목포를 대표하는 초등과정의 학교답게 이곳에서 미 래의 꿈을 일군 목포의 인사들이 참 많이 나왔다. 김우진은 2회 졸 업하였으며, 그의 후배들은 박화성, 차범석, 김현 등의 문인들과 이 난영, 이매방, 남진 등의 음악 예능인들, 그리고 김대중 전 대통령도 이곳 출신이고, 텔레비전 '불타는 청춘'과 '골 때리는 그녀들'에 출연 한 조하나 교수도 북교초등학교 동문이다.

초등학교 이름 '북교'는 '학교 교(校)'의 중복이 아니라 '다리 교(橋) 다. '북쪽에 있는 다리'란 뜻으로 학교와 김우진의 집이 있던 마을 이름이 북교동(北橋洞)이었다. 개항이후 20세기 초만 해도 목포는 유달산을 주위로 바닷물이 흘러 넘쳤지만, 그동안 간척 공사를 하고 바다를 메워 지금의 육지로, 섬이 산과 언덕으로 바뀌어 시내를 형

'김우진 생가 비'

김우진의 어릴 적 생가 '성취원'이 있던 곳으로
그의 동생 김익진이 기증하여 천주교 북교동 성당으로 이용되고 있다
(목포시 북교길17번길 1)

성하게 되었다.

목포역에서 지금의 북항에 이르는 양동과의 사잇길은 늘상 바닷 물에 잠기곤 했는데, 복개가 이뤄지면서 두 개의 다리가 있었고, 각각 남교, 북교라 부르며 마을 이름도 학교 이름도 그렇게 지어진 것이다. 예전 쌍교 다리가 사라진 지 오래고 기억하는 이도 없어진 까닭에 북교동이니 남교동이니 하는 동네 이름도 목포 원도심 동네란 뜻의 '목원동'으로 바뀌어 있다. 북교초등학교는 그동안 9번이나 이름을 바꿨다는데, 이젠 또 시대와 상황에 맞게 바뀌어야 하려나.

김우진은 초등과정에 이어 목포심상소학교에서 고등과정을 마치고, 일본 유학길에 올랐다. 농업을 공부하라는 부친의 바램에 따라 일본의 구마모토농업학교에 진학했다. 김우진은 농업보다는 시와 문학에 더 열정이 있었다. 그는 이후 가족들의 반대가 심했으나 와세다대학교 예과에 진학했고 본과는 영어영문학을 전공하였다. 이 무렵 전술한 바대로 유학생들과 함께 극예술단체를 만들고 연극단을 만들어 국내 순회 공연을 하였다.

1924년 대학을 졸업하고 김우진은 목포로 와서 부친이 운영하던 영농회사 '상성합명회사'에 사장으로 취임한다. 부친은 가업을 이어 농사와 회사 경영에 열심 내기를 바랐지만, 연극과 문학에 대한 그의 열정은 오히려 거셌고 창작 활동에 불을 지폈다.

김우진 쓴 희곡

김우진은 모두 5편의 희곡을 썼다. "정오"는 한낮의 공원에서 벌어지는 단막극이다. 기성세대의 젊은이에 대한 훈계와 설교 속에서, 신세대의 생명력을 억압하는 기성세대에 대한 반발을 엿보게 한다. "이영녀"는 인습에 매여 죽음에 이르는 한 여성의 이야기. 이 두 작품에서 피식민지 개화 상황에서 벌어지는 조선인들의 개인과 사회적 갈등을 느낄 수 있다. 김우진의 자전적 삶을 배경으로 하는 듯이 보이는 "두더기 시인의 환멸", "난파", "산돼지" 세 작품에서는 공히 주인공들이 시와 문학을 좋아한다는 공통점이 있다. 어쩌면 가업에 매달리길 원하는 아버지에 반해 시를 좋아하고 문학에 대한 욕망을 감추지 못하는 김우진 자신의 열망을 대변하려 한 것일 게다.

특별히 "이영녀"는 목포라는 당대의 공간을 배경으로 하고 있다. 김우진 자신이 살고 있는 유달산 아래 목포, 일제 식민지 시기하에서 급속도로 변화하는 근대화 과정의 목포와 조선 민중들의 삶을 드러내고 있다. 전체 3막으로 구성된 "이영녀"는 약 1년 반이라는 시간 과정 속에서 무대는 양동의 안숙이네 집과 유달산 아래 북교동의 이영녀 집 사이를 공간으로 하고 있다.

第三幕

木浦를 지낸 이들은, 儒達山을 한 名山奇峰으로 生覺한다. 名山奇峰인지 안인지난 姑捨하자. 그러나 生活이라는 것에 體驗이 잇고, 비록 二萬에 不過한 山都市라도 木浦라는 港口의 發展해 가는 經路를 볼 쌔, 疑心업시 儒達山은 近代生活의 特徵을 만히 질머지고 잇난 줄을 알 것이다. 元來 海邊을 埋立하야 된 市街地에난 만흔 地主, 家主가 生겻다. 집이 드러서고 工場 煙突이 생기고 道路가 널버질수록 住宅難과 生活難은 커즌다. 그래서 이 兩難에 쫏긴 勞動者들은 市街地에

김우진, 김대중 등 목포의 유명 인사들 다수가
어린 학창시절을 보냈던 북교초등학교
(목포시 수문로 83)

셔 흘닌 피쌈을 儒達山 바우 밋 오막사리 안에서 씻는다. 바우 쎠러
낸 밋 傾斜 심한 쌀크막 우, 손쎄닥 만한 片地에 바'락'크'보다
도 不便ᄒ고 非衛生的이고 도야지 울만한 草家집이 날로 달로 부러
간다. 이리ᄒ야 儒達山 東便 발꿋 밋흐로부터, 오곰쟁이 밋흐로부터,
배꼽 밋흐로부터 가심 우까지(몃 해 안 가서 턱 밋까지 머리 우까지
라도) 點綴한 도야지 울이 疑心업시 儒達山을 近代式으로 名勝地로
맨드러 노윗다.

(김우진, "이영녀").

이 작품이 쓰여진 1920년대 중반의 목포 실상을 조금이나마 그대로
묘사했다. 항구도시 목포, 바다 위에 우뚝 바위로 선 유달산, 바다를
매립하여 육지가 된 터위에 자리한 신작로와 주변에는 신흥 부자들
의 집과 마을이 생기고, 고단한 노동자 생활로 겨우 연명하는 가난
한 이들은 유달산 언덕 바지에 초막살이 신세다. 인구 2만에 불과하
다는 데 1925년 당시 실제는 이만 오천여명을 넘었으니, 사실과 다
르지 않다. 개항이후 항구에는 일본을 오가는 상선들이 늘 나고 들
며 일자리 필요한 전국의 젊은 노동자들을 불러 들였다. 1920년대
전국 인구 증가율이 10%였는데, 목포는 무려 54%였다. 유달산을 주
위로 바다 해변을 매립하여 남교동, 양동 등의 마을이 이뤄졌다.
일제는 목포와 항구를 개발하여 인근 전라도 일대의 풍부한 농산물
과 면화 등을 목포동양척식회사를 통해 일본으로 가져갔다. 목포와
전라도를 수탈하며 그 근거지로 목포항과 철도를 개발하고 도시를
형성하며 일본인 거류 공간과 조선인 공간으로 거의 완벽하게 분리

하며 차별화하였다. 일본인이 살았던 만호동 지역과 함께 목포 오
거리를 경계로 조선인이 몰려 지냈던 목원동(북교동, 남교동, 양동,
죽교동), 그 목원동에서 자라며 살았던 김우진이 당시 풍경을 "이영
녀" 속에 그대로 재현한 것이다.

일제 강점하에서 일어나는 식민 자본주의에 잠식되어 가는 노동의
비참한 현실과 남성 중심의 가부장적 사회 체제 속에서 살아가는 한
여성의 사회적 경제적 모순을 그린 "이영녀"는 1925년 집필한 것으
로 자연주의와 사실주의 희곡의 실험작이었다고 평가들 하는데, 이
작품이 연극으로 공연된 적은 없다.

상대적 낮은 계층에 대한 사회 현실을 묘사하고 이를 직,간접으로
고발하는 문학과 예술은 많다. 일제 식민시기와 개화기, 자본주의
발달과 함께 정치적 경제적 또는 사회적 착취는 강자와 약자를 구별
하고 확대하며 그것은 개인과 가정이라는 사적 공간에서도 비일비
재한 일이다. "이영녀" 역시 가난과 여성이라는 질곡 아래서 매춘을
하며 살 수 밖에 없는 상황이다. 그런데 김우진은 상업적 매춘이 일
상화 된 당대의 어두운 현실을 고발하면서도 매춘에 대한 다른 해석
을 강변하는 듯하다.

주인공 이영녀의 죽음은 남성에 의해 시대적 상황에 의해 희생된 한
가난한 여성의 현실뿐만 아니라 그녀의 죽음으로 그녀에 의해 이뤄
진 매춘도 역시 사망하였다는 것이다. 남성의 폭력성과 자본주의의
횡포에 대한 사망 선고를 선포하고 싶었던 거다.

이는 평소 당대 문학계 전반에 펼쳐진 현상에 대한 그의 회의와 저
항의 고발이기도 한 셈이다. 동시대 작가들이 소위 신여성이니 계몽

주의니 떠들며 지나치게 현실에서 붕 뜬 허상과 최루적 전개 양상에
대해 김우진은 평소 반감이 컸던 것이다. 여성을 문학적 소비의 대
상 쯤으로 여긴 당대 분위기에 전혀 다른 목소리를 낸 것이다.

김우진은 문학에 있어서 여성의 주체성을 강조하였다. '창작을 권합
네다'라는 글에서, 그리고 '이광수류의 문학을 매장하라'고 매우 도
전적인 목소리를 내 건 데서 그의 의지를 엿볼 수 있다.

이광수류 문학을 매장하라!

목원동 김우진 길의 한 담벼락에 선명하게 그려진 그림을 보고 지나
는 객들은 무슨 감동을 받을 수 있으려나? 당대 천하의 이광수에 대

해 비평을 가하는 건 참으로 놀라운 일이다. 누가 감히 그에게 침을 뱉으랴는 엄혹한 권위 아래서 감히 이광수에 비난과 성토를 가하다니, 대체 김우진은 누구길래?하는 의문을 갖게 하는 데는 도전할 수 있으나 단순하고 짧은 광고 카피같은 벽화 하나로는 관광객의 의문을 다 만족시키지 못하리라.

이러한 문장의 묘사, 화려만 배우려고, 내용으로 깊히 파고 들어가려는 노력이 업는 이광수류의 문인이 만음을 보면, 적실(適實)히 그의 말과 갓치 '오늘 이 조선처럼 문세(文勢)의 세력이 큰 것을' 통한(痛恨)한다.

조선이 지금 요구하는 것은 형식이 아니오, 미문(美文)이 아니오, 재화(才華)가 아니오, 백과사전이 아니오, 다만 내용, 것칠드라도 생명의 속을 파고 들어갈녀는 생명력, 우둔하더라도 힘과 발효(醱酵)에 끓는 반발력, 넓은 벌판 우의 노래가 아니오, 한곳 땅을 파면서 통곡하는 부르지즘이 필요하다.

이광수씨여, 그대의 글과 그대의 인생에 대한 태도가 지금갓치 변환(變換)이 업슬진대, 찰아리 중병치의 조선을 위해서 그 재조 잇는 글만을 가지고 신문기자로나 되여라. 그러치 아느면 새 '시대정신'의 '열등감정'을 가진 이들은 그대를 그대로 두지 안을 터이다.

(김우진, "이광수류의 문학을 매장하라").

한국 근대 문학을 일구고 밭을 개척해 가던 이광수를 중심으로 한 당시 문학계. 그들이 내는 작품과 열성 속에서 김우진이 보기에 감상적 계몽주의 그 이상의 비전과 의지는 보이지 않았다. 글을 써내는 재주는 남달랐지만, 좋은 재능으로 사람들의 삶과 사회 구조의 모순과 대안적 고민과 사상을 제대로 구현해 내지는 못하는 현실에 대한 김우진의 거센 지적이리라.

구습에 대한 저항과 도전

김우진이 살던 시기는 봉건을 뒤로 하고 근대라는 새로운 시간을 열던 시대였다. 동아시아의 조선 역시 종전의 폐쇄적 시·공간으로부터 개방적 시·공간으로 급속도록 변화하던 때다. 유교와 동양의 가치와 세계관에서 서구로부터 밀려 들어오는 새로운 사고와 세계관이 맞닥뜨리고, 자연스레 개개인의 삶과 세상에 대한 생각과 태도가 획기적으로 바뀌어 가던 때다. 부모와 기성세대로부터 그저 주어진 '나'가 아니라, 새로운 세상과 사회로부터 보다 능동적이고 스스로가 찾아서 '자신'의 삶을 살아 내려는 대전환기다.

김우진의 작품에서도 일제 치하 공간이라는 어두운 현실 속에서나마 개인의 삶과 자유에 대한 근대적 자아를 부단히 찾아 나서는 모습을 볼 수 있다. 구습에 대한 반발은 구체적으로 먼저는 아버지에 대해, 그리고 조혼에서 빚어지는 미숙한 사랑과 결혼에 따른 아내에 대한 거부감 등이다.

자식이 추구하던 문학과 삶에 대한 이해력보다는 기존의 익숙한 질서에 따라 농업을 공부하고 회사를 맡아 가업을 잇도록 요구하는 아버지는 김우진에게 넘을 수 없는 장벽이었다. 구한말 관료를 지내며 기득권 질서에 매달려 자녀에게까지 고스란히 세습하려는 아버지의 바램과 강요 등으로 김우진이 견뎌야 할 마음의 창고는 많이도 엉크러지고 훼손되었으리라.

그의 시 "아버지께", "아아 무엇을 얻어야 하나" 등에선 아버지와 가부장적 권위에 대한 고역을 엿보게 한다. '아버지는 자신의 뜻을 계승하라고 하고, 어머니는 훌륭한 사람이 되라는 것에 불초한 자식은 알 길 없다(아아 무엇을 얻어야 하나)'고 부정한다.

결혼 역시 낯설고 거부감이 앞선다. 또 다른 시 "첫날밤"은 조혼에 따른 생경함에 대한 토로다. 자신이 사랑하고 자신이 선택하는 게 아니라 어른이 정해 주는 대로 생판 모르는 여자와 첫날 밤을 치루며 가정을 이뤄야 하는 고충(?)을 발설한다. '이날 밤 같은 자리에 같이 누워서 한마음으로 천년 만년 축복하며 뜨겁게 입맞추나 너와 나의 앉은 자리 만리 억리 떨어져 있어라(첫날밤)'며 비록 생판 모르는 남녀가 만나 육체의 결합을 이루며 부부로 태어났지만, 마음의 거리는 오히려 너무도 멀리 떨어져 있다.

육신은 장성하였으되 아직 타인과 사회 제도에 대한 마음은 아직 어리기만 한 때에 갑작스레 혼인을 하고 신부를 맞아 같이 살아야 했다. 김우진은 1916년 곡성 출신의 정점효와 결혼하였는데, 당시 19살이었다. 김우진은 어릴 적 어머니가 일찍 돌아가시고 5명의 계모 아래서 10여명의 이복 형제와 함께 자랐던 터였다. 전통적 가부장 질서의 권위아래 족보를 헤아리기 복잡한 집안에서 청소년기를 보내고 이제 갓 성인이 되어가는 즈음 또 갑작스레 낯모른 여자와 함께 살림을 차려야 하는 당시는 많이 곤혹스럽고 버겁기 그지 없었으

목포문학관 김우진관에 전시된 아버지 김성규에 대한 소개

리라. 그 모든 고역과 불만이 아버지에게 있었고, 조혼이라는 풍습 등의 사회구조에 반감이 깊었던 지라 김우진은 자기의 글로써 시로써 이를 타파하고 새로운 질서에 도전하는 거다.

> 오, 붕괴여, 붕괴여!
> 장대한 힘으로
> 태산은 넘어진다!
> 자연이여! 자기의 손으로
> 모든 것을 건설하엿든
> 그는 조만간 모든 것을
> 다시 붕괴시킨다
> 이것이 자연인가?
> 또는 인간 발전의 길인가.
> 모든 것은 붕괴된다,
> 자기 속에 장치하엿든
> 다이나마이드는
> 자기 자신을
> 서서히 유력하게, 또 확실히
> 파괴시킨후, 쉬임 업시
> 또 다시 건설한다.
> 오, 자연의 힘이여!
> 모든 흔(古) 것은 붕괴된다.

(김우진, "고(古)의 붕괴").

당시 세대가 그러하듯, 젊은이들은 새로운 사상과 자유, 그리고 연애와 결혼 역시 기존의 질서와 속박 속에 이뤄지는 정략이 아니라, 당사자 자신의 의지와 자유에 의한 선택이며 결정이길 추구했다. 새로운 가정을 내가 이루는데, 그것도 아버지에 의해서 결정되고 정략적으로 이뤄지는 현실. 그렇잖아도 가뜩이나 자라온 지난 어린 시절에 쌓인 게 많고 또 이후 학업과 진로에 있어서도 계속해서 아버지에 의해 강요되고 구속되는 지라, 김우진은 그 모든 게 차라리 파괴되고 붕괴되길 소망한다. 다이나마이트로 기존의 것을 파괴하고 새롭게 건설하듯, 이 사람과 사회의 기존 구조도 낡은 인습은 모두 파괴되고 무너져야 새롭고 보다 건강한 새 세상을 열 수 있다는 웅변이다.

호남평론과 큰 동생 김철진

목포를 문화예술의 고장이라 하고 문향 1번지라 추키는 것은 김우진, 박화성 등 탁월한 문학인이 배출되기도 했지만, 근대 식민시기 "호남평론"이 목포에서 출간되었다는 것도 큰 자산이다. 우리나라 최초 문예 종합잡지를 지향하는 호남평론은 1935년 4월 창간되었다. 그 이전의 "목포평론", "전남평론'의 속간으로 나온 것으로 책임주간은 김철진이었다.

김우진보다 8살 아래 동생인 김철진은 일제 강점기 문인이면서 동시에 사회주의 운동가였다. 1920년대 목포 청년동맹 집행위원과 목포 신간회 총무 등을 역임했으며, 조선공산당과 고려공산청년회 당원으로서 사회주의 사상에 깊이 침착했다. 사유재산 반대와 반일운동을 전개하며 일본 경찰에 체포되고 집행유예로 풀려나기도 했던 그는 1930년대 목포의 유지들과 함께 고등보통학교 설립에 나서는 한편, 문학운동에도 열심내어 우리나라 최초 본격 종합잡지인 "호남평론"을 창간하였다.

호남평론은 시와 소설 등의 문예 작품 뿐만 아니라 당시의 시사 문제나 국제 정세, 그리고 목포 지역사정에 대한 논평 등 다양한 장르에 걸쳐 제작되었다. 박화성과 이무영 방인근 등 목포를 대표하는 지역 문인과 유명 문인들의 왕성한 창작품이 소개되기도 하고, 목포와 인근 지역을 배경으로 하는 지역성 향토성 짙은 소재의 작품들도 실렸으며, 제호에 걸맞게 한국 문학계에 본격적인 비평문이 실리기도 했던 게 호남평론이었다. 잡지는 1937년 8월까지 2년 4개월동안 지속되었다. 지면에 실린 작가만도 시 분야에 53명을 최다로, 소설과 수필, 시조, 희곡, 비평 등 거의 모든 분야에 걸쳐 약 100여명에 이른다.

프란체스코, 작은 동생 김익진

김우진의 9살 아래 막내 동생인 김익진은 가톨릭 문필가로 활동하였다. 일제시기 일본을 거쳐 중국 북경대학에서 언어학을 전공하면서 마오쩌둥과 공산당 홍군에 참여하였다. 국민당의 추격에 의해 내몽고까지 내몰리며 생명의 위협도 겪었는데, 결국 부친의 엄명에 의해 강제 귀국당하였다. 외국 문물을 경험하고 사회주의 사상을 겪었던 그에게 피식민치하의 항구 도시 목포에서의 삶은 방황과 우울의 연속이었다. 사상적 갈등을 겪던 중 일본 도쿄에 잠시 건너갔던 1935년 그는 한 책방에서 프란치스코 전기를 구해 읽었던 게 그의 인생의 큰 전환이 되었다.

김익진은 국내에 들어와 카톨릭 신부와 접촉하게 되고 가톨릭 계통의 신앙과 경제 서적을 탐독하며 종교에 귀의하게 되고 종교가 주는 경제관, 인생관으로 자신의 삶과 문학활동을 펼치게 된다.

아버지 김성규가 1936년 11월 사망하게 되고 이듬해 김익진은 세례 성사를 받았다. 장남이자 큰 형 김우진은 사망하였고, 작은 형 김철진과 함께 부친의 상당한 재산을 물려 받았는데, 그의 세례명 '프란체스코'가 늘 마음에 거룩한 부담이 되었으려나.

김익진은 일제가 패망하고 민족이 해방하게 되자 아버지로부터 물려받은 광대한 농지를 가난한 소작민들에게 다 무상 분배해 주었다. '토지개혁'에 대한 사회주의 사상과 프란체스코의 삶이 그에게 영향을 주었으리라 믿는다. 또한 선친과 형제들이 함께 살아오던 북교동의 생가와 부동산도 천주교에 다 기증하였다. 김우진 생가 터에 북교동 성당이 자리하게 된 연유가 그렇다.

김익진은 목포와 전라도에 있던 자신의 소유 일체를 가난한 이들과 교회에 헌물하고 자신은 대구로 이사하여 그곳에서 교육자로 가톨릭 문필가로 여생을 보냈다.

우리말과 알타이어 계통을 밝혀낸 아들 김방한

김우진 가족을 말하자면, 두 동생과 함께 아들 김방한도 거론되어야 한다. 우리말 한국어가 알타이어와 동일한 계통을 잇고 있다는 그의 학설은 우리 역사언어학계의 가장 큰 사건으로 남아 있다.

1926년 김우진이 사망하기 한 해 전인 1925년 목포에서 태어난 김방한. 서울대 문리대를 졸업하고 평생을 모교에서 우리 언어학을 연구하며 후진을 가르쳤다. 대한민국의 언어학자, 역사 비교언어학계의 선구자라는 그의 별칭은 그가 이뤄낸 탁월한 업적에 기인한다. 우리말과 알타이에 속한 여러 언어들이 음운과 형태에 있어서 공통점이 있고 그 비교 가능성을 확립하였던 게 김방한 선생이었다. 고대 한반도 언어는 알타이 영향을 받은 한국어와 함께 다른 기층적 언어가 동시에 공존하였다고 밝혀낸 것 등은 역사언어학계에서 지금까지도 중요하게 영향을 끼친다.

사의 찬미와 윤심덕

이제 김우진의 실종과 죽음에 대해서도 이야기해야겠다. 그러자면 윤심덕이라는 여성과 그녀가 부른 '사의 찬미'도 소환해야 한다. 윤심덕, 1897년 평양에서 출생했으니 공간만 달랐을 뿐 김우진과 같은 해에 태어난 동갑내기다. 윤심덕의 성장기는 미국 선교사와 깊은 관련이 있다. 당시 평양에서 기독병원을 운영하던 홀이라는 선교사가 있었고 어머니는 이 병원의 간호사로 근무하였다. 미국 북장로교 소속의 의사 선교사 로제타 셔우드는 1890년에, 이듬해인 1891년엔 제임스 홀이 조선에 와서 사역을 펼쳤다. 파송되기 전 미국에서부터 약혼 관계였던 두 사람은 시간을 달리하여 선교지 파송되어 와서 1892년 서울에서 선배 선교사들의 축복을 받으며 결혼을 하였고, 선교부의 명에 의해 이들 부부는 평양에 부임하여 의료선교 활동을 펼쳤다.

결혼한 지 2년이 조금 넘었던 1894년 청나라와 일본 간의 전쟁이 하필이면 평양에서 치열하게 벌어졌고 콜레라 전염병까지 기승을 벌이는 바람에 그야말로 죽음의 도시가 되고 말았는데, 남편 제임스 홀은 사명을 따라 부상자 치료에 전념하다 그만 자신도 병에 걸려 사망하고 말았다. 좌절과 상처가 컸겠지만 아내 로제타 셔우드는 용기를 내고 1897년 평양에 병원을 세웠다. 먼저 하늘로 간 남편의 이름을 기념하여 기휼병원이라 하였다. 그리고 1898년에는 광혜여성병원을 세워 진료하였다. 이 병원들을 통해 평양과 인근 조선 병자들이 치료와 건강을 되찾게 되었다. 그리고 병원에는 미국 의사 선교사 뿐만 아니라, 조선인 남녀 간호보조원과 직원들도 있었는데, 그 중 한 사람이 윤심덕의 어머니였다.

어머니는 자연스레 기독교 신앙을 갖게 되었고, 딸이었던 윤심덕 또한 마찬가지였다. 그녀가 기독교인 자녀들이 다니는 평양 숭의여학교를 다니게 된 까닭이다. 윤심덕은 숭의여학교를 졸업한 후 경성여고보 사범과를 졸업했으며, 조선총독부 관비 유학생으로 동경음악학교에 진학한다.

음악과 노래를 좋아하던 그녀가 자신의 꿈을 키우기 위해 일본에 건너갔을 때 그곳에는 당대의 조선 최고 엘리트들이 몰려 들었다. 그곳에서 서구의 연극 이론을 연구하고 교제하던 극예술협회에서 '동우회순회연극단'을 조직하여 1921년 여름 조선의 주요 도시를 순회하며 공연하였다. 악기를 연주하고 입으로 노래하며 연극도 선 보이는 등 종합예술을 조선의 동포들에게 선보였는데, 이때 윤심덕은 노래를 불렀고, 김우진은 모든 경비와 무대 연출의 책임자였다.

동경에서 이 공연을 준비하던 1년여 기간을 포함하여 조선에서 두 달여 사람들에게 선을 보이느라 함께 열심내고 두 달여 합숙하고 하였으니 피끓는 이들 젊은이들은 서로 가까이 하게 되고 정분도 들고 하였으리라. 김우진과 윤심덕의 사랑과 운명도 그렇게 시작되었다.

1.   廣漠한 荒野에 달니는 人生아
    너의 가는곳 그어대이냐
    쓸쓸한 世上 險惡한 苦海에
    너는 무엇을 차즈러 가느냐
〈후렴〉
    눈물로된 이世上이
    나죽으면 고만일까
    幸福찻는 人生들아
    너찻는 것 서름

2.   웃는 저 꽃과 우는져새들이
    그運命이 모도다 갓흐니
    生에 熱中한 可憐한 人生아
    너는 갈우에 춤추는者로다

3.　　虛榮에 빠져 날뛰는 人生아
　　　　너 속헛슴을 네가아느냐
　　　　世上의것은 너의게 虛無니
　　　　너죽은후에 모도다업도다

(윤심덕, "死의 讚美").

우리나라 최초의 소프라노 칭호를 받는 윤심덕이 1926년 8월에 "사의 찬미"라는 음반을 발표하였다. 노래 가사는 윤심덕이 썼다. 타이틀곡은 루마니아의 작곡가 이오시프 이바노비치의 '다뉴브강의 잔물결'을 가창곡으로 역시 윤심덕이 편곡하였다. 노랫말이 죽음을 긍정하며 높이는 내용인 터에, 이 노래의 주인공인 윤심덕이 조선과 일본의 사이 바닷길에서 연인 김우진과 함께 몸을 던져 생을 마감한 초유의 사태는 호사가들의 입방정을 뜨겁게 하여 왔다.

피식민지 치하의 움울한 조국의 현실, 전근대적 결혼과 가정의 속박에 갇혀진 자아와 닫힌 사랑에서 벗어나 보다 개화되고 진취적인 자아 실현과 자유 연애를 꿈꾸던 두 젊은 연인의 미완성 비극적 결말은 실로 많은 아쉬움과 연민을 낳았다.

참으로 살기 위해!

유부남 김우진과 미혼여성 윤심덕. 그들의 의뭉스런 사랑과 연애는 어디까지였으랴? 이렇다할 증거도 없이 갑작스레 현해탄에 함께 몸을 던지는 것으로 남겨진 사회는 상당한 충격을 불러 일으키며 갖가지 상상과 의문만 양산할 뿐, 그 진실과 속내는 영원히 숙제다. 김우진으로선 아버지로부터의 굴레에 끼어 자신이 좋아하는 일에 더 열정을 지피지도 못하고 생각지도 못한 결혼과 가정이라는 속박에 뭉친 마음의 생채기가 그녀를 대하면 조금은 아물렸으려나. 윤심덕에게는 그가 유부남이라서 달리 그의 여자가 된다는 욕심따윈 애초에 없었으려니와 그래도 낯선 나라 타향에서 그냥 그와 함께 있고 그와 조곤조곤 이야기할 수 있는 그 시간만큼은 외롭지도 않고 용기가 났으리라. 그래서 말인데, 그냥 그 정도 친구하고 싶고, 그냥 가까이 있어 주기만 하면 더 욕심 없어! 그 정도는 괜찮은 거 아니야?라고 자신들 스스로를 변명하며 울타리를 쳤으려나?

1920년대 초 동경에서 공부하며 같이 공연을 하던 초기 무렵엔 나름 순수하고 플라토닉성 사랑이라고 쳐! 그런데 같이 있을 땐 잘 모르다가도 갑자기 멀리 떨어지게 되고 재회의 날이 길어질수록 갑자기 생각지도 못한 연정이 일어서고 불같은 욕망까지 더해지는 게 남녀 간의 일 아니던가.

김우진이 부친의 명에 의해 목포로 돌아가고 윤심덕 역시 서울로 돌아가며 각자의 일에 매이던 1920년대 중반, 이렇다하게 연락도 취하지 못하고 하루 하루 보내는 일상 속에 서로에 대한 그리움은 날로 커지고 이게 사랑이란 건 지, 진짜 내 연인인라는 건 지 숱한 긍정과 부정 속에 지내지 않았으려나. 편지도 나누고 급기야 윤심덕을 목포로 초대하여 공연도 하게 하며 교분을 이었지만, 자주 만나지 못한 탓에 그리움은 유달산 일등바위 이상으로 올라 섰는 지 모른다.

그래서, 그들이 재회하던 1926년 여름 결국 사단이 난 거다. 그해 7

월 김우진은 집과 회사를 버리고, 윤심덕 또한 '사의 찬미' 음반 작업을 위해 일본으로 갔다. 그들이 겉으로는 각자의 일 때문에 동경에 왔을런 지 몰라도, 오랜 시간 알게 모르게 싹 터온 서로에 대한 마음이 재회의 기쁨과 감격 속에 동경에서 지내는 그 여름은 참으로 뜨겁지 않았으려나. 그들이 나눈 예술과 사랑은 인습에 사로잡힌 조선의 현실과 낯선 이방 땅에서 척박한 세상을 헤치는 그들에게 위안이었고 강한 에너지였다. 시대의 좌절과 세상의 모순 구조를 이기는 수단은 노래와 문학이었고, 예술적 동병상련의 돌파구는 서로에 대한 갈망과 집착에서 찾았다.

현해탄은 말이 없다

일주일 쯤 동경에서 같이 지내고 조선으로 함께 돌아오면서 일은 벌어졌다. 조선 부산으로 향하던 배가 대마도를 지날 무렵 두 남녀의 실종 사실이 발견되었다. 그들의 인적사항은 남자는 김수산(水山) 30세, 여자는 윤수선(水仙) 30세. 김우진은 초성(焦星)과 수산(水山)이라는 별호를 갖고 있었고, 윤심덕에게는 수산의 곁에 있다는 뜻의 수선이라는 별칭을 김우진이 붙여줬을 것이다.

이들의 현해탄 실종 사건을 언론이 가만둘 리 없다. 선정적이고 자극적인 제목을 달며 떠들썩하게 가십화하였고, 전국 입담꾼들의 뒷담화로 소문은 부풀리고 과대포장되었다. 그리고 며칠후 기다리기라도 했다는 듯 발매된 윤심덕의 "사의 찬미"는 이 사건에 폭증되어 당시로선 천문학적인 판매량을 보였다. 두 연인의 의문투성이 씁쓰

레한 종말은 이후 문화예술계를 비롯해 우리 사회에 큰 반향을 일으켜 왔다. 후배들에 의해 여러 글과 다양한 매체로 이 사건이 재현되고 이야기 되어 왔을 것이며, 1991년 영화로도 발표되었다.

"영자의 전성시대"를 만든 김호선 감독은 현해탄 사건을 기반으로 멜로영화 "사의 찬미"를 만들었다. 임성민과 장미희 배우가 각기 김우진과 윤심덕을 대연했으며. 그해 청룡영화상을 수상하기도 했다.

- 왜 살고 잇소.
- 죽을녀고.
- 그러면 남이 죽이거나 當身이 스스로 죽이기를 願하오?
- 아니요.
- 왜?
- 사는 것이 죽음이 되는 일도 잇지만,

  죽음이 사는 수가 잇는 理致가 잇는 것을 아오?
- 그럴 道理도 잇겟지.
- 道理로 生覺해서는 안되오.
- 그러면?
- 삶이나 죽음이나 道理가 아니요.

  둘이 다 實狀은 生의 兩面에 不過하오.

  그러닛가 道理를 넘어서 生의 核心을 잡으려는 이에게는,

  삶이나 죽음이나 問題가 되지 안소.
- 當身은 只今 살고 잇소?
- 아니요. 그러나 死를 바래고 잇소. 참으로 살녀고.

(김우진, "死와 生의 理論").

김우진이 세상을 작별하기 전 남긴 글 하나가 예사롭지 않다. 삶과 죽음에 대한 짧은 글을 남겼다는 것도 그렇고 그 경계가 대단해 보이지만, 모호하기도 한 까닭에 이미 그는 오래 전부터 죽음에 대해 상당부분 마음의 준비를 하지 않았을까 싶다. 호사가들의 입방정마냥 그의 의문의 실종과 죽음을 뇌까리기 보다 삶에 대한 새로운 세상에 대한 그의 의지와 집념, 상대적 역설로 조명해 보면 더 좋겠다는 마음이 크다.

이제 목포문학과 후배들에게 책임이

1926년 8월 4일 새벽에 참다운 예술과 창조적인 인간 그리고 조국의 미래를 위한 희생제의의 몸짓으로 검푸른 현해탄에 몸을 던진 극작가 김우진의 초혼묘는 전남 무안군 청계면 월선리 말뫼산 정상에 있다.

다섯 편의 근대적인 희곡과 더불어 수많은 시와 문학평론을 남긴 그의 문학과 예술세계를 아직도 한국 문단과 예술계에서는 제대로 받아들이지 못하듯이, 무안 청계 장부다리에서 일로로 넘어가는 도로변에 '김우진초혼묘'라는 이정표 하나로 새겨진 그의 묘는 아무나 쉽게 찾아갈 수 없다. 아무나 보지 못하는 곳을 바라보는 이들이 처하게 되는 무중력의 세계 또는 이승과 저승의 중간에 있다는 중천을 떠돌고 있는 그의 영혼을 위하여 월선리 예술인마을에서는 매년 8월의 기일에 맞춰서 작은 초혼제 행사를 지내고 있다

(박관서).

김우진을 기리는 문학 후예들이 그의 초혼묘 앞에 모였다.
(무안군 청계면 월선리 예술인촌 몰뫼산)

목포 인근의 무안군 청계면 월선리 말뫼산(문필봉)에는 김우진의 초혼묘가 있다. 시신도 찾지 못해 안타까워하던 그의 아버지 김성규가 자신의 소유였던 이곳 언덕에 아들의 혼을 기리는 묘를 조성하였는데, 후에 김우진의 부인 정씨가 사망하자 유족에 의해 합장되었다. 월선리는 예술인들이 모여 창작활동을 하는 마을이기도 하다. 김우진이 실종된 8월이면 이 마을의 살림꾼이기도 한 박관서 시인과 문인들이 함께 모여 김우진 추모예술제를 열기도 한다.

목포시 갓바위 예술타운에 있는 목포문학관에는 아들 김방한 선생이 기증한 육필 원고와 유품 등으로 김우진 실이 잘 조성되어 있다. 한국 근대극을 열고 주동했던 김우진을 기리고 그를 연구하기 위한 김우진 연구회가 여러 해 활동중인 바 2017년에는 "김우진 연구"라는 학술서를 내었고, 김우진을 기념하는 문학 세미나와 청소년을 대

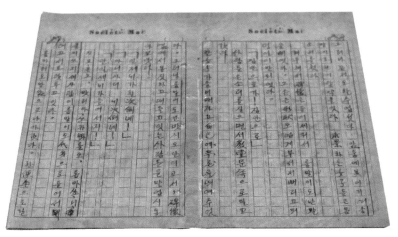

김우진의 육필 원고

상으로 하는 김우진 백일장 등이 김우진연구회와 목포문학관 등을 중심으로 매해 열리고 있다.

한국 근대극을 열고 주동한 김우진, 희곡 뿐만 아니라 시 50편, 소설 3편, 문학평론 20여편, 그 외 수필과 일기 등 다방면에 걸친 한국의 문학인이며, 목포 문향 1번지를 열었다. 연인과의 의문의 실종에 쏟는 관심보다는 근대시기 부자연스럽고 굴레뿐이었던 시대 상황을 이기고 부단히 써 내려간 문학적 업적에 더 마음을 담아야 하리라. 그가 자랐던 목포의 옛 북교동 언덕을 따라 그가 감내하며 쏟아냈던 문학의 향취에 흠뻑 발길을 적신다.

3
박화성

목포 청년운동의 산실이었던 청년회관.
현재는 남교소극장으로 이용되고 있다.
(목포시 차범석길35번길 6-1)

우리나라에서 '청년운동'이 시작된 것은 개화기 외국에서 들어온 기독교 선교사들의 영향에서부터다. 1844년 영국 런던에서 시작한 YMCA가 1903년 우리나라에 도입되어 황성기독교청년회란 이름으로 출발하였다. 근대 시기 기독교 청년회를 모델로 하여 타 종교 뿐만 아니라 비종교 부문에서도 지향하는 사회적 가치와 이념에 따라 여러 분야의 청년운동이 활성화되었다.

1924년 목포에서도 지역내 중산층 명망가 중심으로 청년회가 결성되었고 이듬해 회관을 건립하게 되었다. 1927년 신간회 목포지회와, 항일 여성운동단체인 근우회 목포지회가 이곳 청년회관에서 각각 창립되었고, 회관을 중심으로 강연회와 시민대회 등을 하며 일제시기 지역문제 해결과 함께 민족운동의 구심점이 되었다.

박화성은 이즈음 일본에서 유학중이었으며, 근우회 도쿄지부창립위
원장을 맡아 활동할 정도로 사회주의와 항일운동에 적극적이었다.
역시 사회주의 문학가로 활동하던 김국진과 결혼하여 가정을 이루
었고 자녀 둘을 낳아 양육하는 어려움 등으로 학업을 지속하지 못하
고 중퇴 귀국한 게 1929년이었다. 그리고 이듬해 남편이 항일 삐라
살포 사건으로 3년 형을 받고 투옥되었으며, 1933년 형을 마치고 출
소한 김국진은 돌연 간도로 망명하는 바람에 생활고에 시달리던 박
화성은 다시 고향 목포로 내려와 창작활동에 전념하였다. 그즈음 일
제는 문화운동 시대를 접고 조선민족말살정책을 펴며서 목포 청년
회 활동을 방해하며 청년회관 문도 강제 폐쇄한 탓에 사람이 드나들
지 않는 빈 집처럼 방치되고 있었다. 박화성이 당시의 안타까운 현
실을 소설화한 게 "헐어진 청년회관"이다.

헐어진 청년회관! 그는 전부터 날과 달이 지날수록 헐어져만 가는
이 집 앞을 지나다닐 때마다 항상 '헐어진 청년회관'이라고 막연하
게 속으로는 부르면서도 심상히 지나가 버리고 말았다. 그러나 오
늘의 이 집의 모양은 과연 어떠하냐? 이번 폭풍에 지붕은 아주 훌
딱 벗겨져 버리고 말았고 헐어져 가던 네 귀퉁이의 벽은 마저 헐어
져 흙과 돌이 진흙탕이 되 땅 위에 가득히 쌓여있다. 효주는 멀거니
서서 그 외관을 바라보다가 발을 옮겨 빗장이 질러진(그러나 유리는
하나도 끼어있지 않는) 정문으로 집 속을 들여다 보았다.
"아! 가엾은 불행한 집아! 목포에서는 처음으로 된 모던식 건물이라
고 옛날의 네 모양은 얼마나 산뜻하고 점잖았던가? 너는 항상 네 집

속에 변화한 회의를 가졌었더니라. 너는 주야로 네 큰 정문을 열어 놓고 누구나 오는 사람들을 환영하여 맞아 들였었건만 오늘의 썩어지고 헐어진 이 모양의 참혹함이 웬 일이란 말이냐?"

(박화성, "헐어진 청년회관").

이 작품은 청년조선이란 새로 생긴 잡지에 실릴 예정이었다. 일제시기 우리나라 카프 문학을 주도하였던 팔봉 김기진은 1934년 "청년조선(靑年朝鮮)" 잡지를 만들면서 당대의 문인들에게 원고료 없는 글을 청탁하였고, 박화성도 흔쾌히 응해 창간호에 작품이 실릴 예정이었는데, 일제 당국에 의해 전문이 삭제된 채, 잡지는 발행되었다. 팔봉은 고마움과 미안한 마음에 "비오는날 회관앞에서"라는 답례의 시를 남기기도 했다.

해방이후에야 지상에 공개된 박화성의 소설 "헐어진 청년회관"의 줄거리는 이렇다. 주인공 효주는 감옥에 있는 남편과 6년전 사망한 오빠를 꿈에서도 그리워하며 당대의 멋진 사회주의자를 동경한다. 그러면서도 가정 현실에 대해서는 충실히 하지 못하는 자신과 달리, 혁명가이며 오빠의 아내인 원주에 대해서는 시부모 봉양하고 자식을 돌보는 전통적 가부장사회의 착한 여성상으로 대비하고 있다. 같은 사회주의자이면서도 가정과 육아노동의 책임은 여성에게 강요하는 전통적 가부장사회의 모순을 고스란히 드러내는 것이다. 목포 청년들의 지덕함양과 민족운동의 중심지였던 청년회관은 오랜 세월 사람들의 기억속에 잊혀진 채 기독교교회에서 한동안 이용했다.

2002년 문화재로 지정된 후 2011년 목포시에 의해 옛 동네 이름을 따 '남교소극장'으로 재개장하였으며, 신간회 기념사업회에서는 창립 90주년 일환으로 2017년 이곳에 신간회 활동 표지석을 세웠다.

근대 도시 목포의 영화와 뒷그늘

식민시기 박화성은 대체로 리얼리즘에 입각한 사회 현실 문제를 깊이있게 파헤친 작품들을 쏟아냈다. 일제 식민통치하에서 목포는 급속도로 발전하고 변화하며 근대화의 길을 달려가지만, 상대적으로 그늘진 뒷모습의 음울한 현실을 밀도있게 그린다.

목포의 낮(晝)은 참 보기에 애처롭다. 남편으로는 늘비한 일인의 기와집이오, 중앙으로는 초가에 부자들의 옛 기와집이 섞여 있고, 동

박화성이 어릴 적 신앙생활하던 목포의 최초교회다.
건물은 1911년 완공되어 현재도 이용되고 있으며,
사진은 1916년도 모습이다.
(목포시 호남로 15)

북으로는 수림 중에 서양인의 집과 남녀학교와 예배당이 솟아있는 외에 몇 개의 집을 내놓고는 땅에 붙은 초가뿐이다. 다시 건너편 유달산 밑을 보자. 집은 돌 틈에 구멍만 빤히 뚫어진 돼지막 같은 초막들이 산을 덮어 완전한 빈민굴이다. 그러나 차별이 심한 이 도회를 안고 있는 자연의 풍경은 극히 아름답다.

동북으로 비스듬히 누운 성당산(聖堂山) 숲속에서 십자가를 머리에 꽂고 아련히 내다보는 성당은 멀리 서해에 떨어지는 낙조를 바라보며 느린 종소리를 걸어가는 시가에 고요히 흘린다. 앞 산 달성사의 새벽 종소리에 눈뜬 목포는 뒷산 성당의 저문 종소리에 눈을 감는 것이다. 옛 절의 새벽 종소리 사원의 만종은 목포가 홀로 가진 자랑거리이며 성당 이북으로는 밭가는 소의 풍경 소리가 한가하고 논두렁길로 풀을 지고 오는 농부와 밭매는 아낙네들의 흥글 타령이 흐르는 농촌이요, 북편 바닷가에서 자리를 잡고 앉은 기와가마(동리이름)는 어촌이다.

(박화성, "추석전야").

과부 영신은 방직공장에서 일을 하며 시어머니와 남매를 키우고 산다. 추석이 다가오자 어머니에겐 새 옷을 지어 드리고 싶고, 딸에게는 댕기를, 아들에겐 대님을 선물해 주고 싶다. 하지만 현실은 어렵다. 집세가 많이 밀려 있어 거리로 쫓겨날 판이다. 직장에선 후배 여공을 괴롭히는 공장장에 맞서다 부상을 입기도 한다. 의지할 남편도 없고 남겨진 가족 부양하며 사느라 고되기만 한 여인의 슬픈 일상은 당시 모든 시민들의 모습이었다. 목포 유달산과 바닷가 선창의 모습

등 당시의 목포 풍경을 엿보게하는 정밀한 묘사와 함께 그 시절의 인생들이 감내하며 겪던 힘겨운 뒷그늘 이야기가 슬프게 이어진다. 작품 속에 나오는 서양인의 집(선교사택), 남녀학교(영흥, 정명), 예배당(양동교회), 성당산(솔갯재, 레지오마리애기념관), 달성사는 그 당시부터 오늘날까지 이어지는 목포의 주요 종교 시설을 그대로 소개하고 있다.

미국 남장로교단의 선교사들이 시작한 개신교, 프랑스 선교사들로 출발한 천주교, 그리고 불교에 이르기까지 목포는 주요 종교의 출발이요 성장의 모태였다.

생명과 소망을 심다, 목포 기독교

목포는 각 고등종교의 성지라고도 할 수 있다. 개신교는 특히 더 그렇다. 목포에서 시작한 교회는 이후 광주로 순천으로 확장하며 전라남도 일대로 번졌다. 목포에서 자란 신자들이 해방이후 산업화와 도시화 속에서 서울과 전국각지로 진출하며 또한 한국 기독교의 지도력을 발휘하였다. 목포와 전남 농어촌 출신의 어린이들이 목포의 교회에서 기독교를 접하고 신앙을 익혀 청년으로 장년으로 성장하며 우리나라 전역에 흩어져 기독교계의 목회자로 신학자로 평신도지도자로 활동한 사례는 너무도 크고 많다.

목포 양동 일대는 예전 선교사들이 집단으로 거주하며 교회와 학교와 병원을 세우고 사역하였다. 1898년부터 시작하여 1980년대까지 80여명의 미국 남부 출신 선교사들이 이곳 목포를 찾아와 목포 시민

목포문학관 박화성관의 전시 소개
(목포시 남농로 95)

목포문학관 앞 뜰에 있는 소영 박화성 문학비

양을산 호수공원에 조성된 박화성 책방
(목포시 상동 산 34)

들 틈에서 함께 살며 그들의 생명과 사랑의 복음을 전해주었다.

일본 제국주의가 이 땅에서 압제와 수탈로 죽임과 절망의 역사를 펼치는 이면에 미국 개신교회는 이 곳에서 생명과 소망의 역사를 심어주고 나누어주었다.

목포에 서양 기독교 선교사가 처음 찾아온 때는 1894년이었다. 4월 18일 오후, 미국 버지니아 출신의 레이놀즈와 드류 두 사람이 성경을 들고 목포를 방문하였다. 그리고 이들 선교사들은 오랜 준비를 더 하여 1897년 가을 목포에 선교부를 설치하여 사역을 전개하기로 하고 유진벨을 책임자로 선정하였다.

유진벨은 이듬해 1898년 3월부터 목포에 거주하면서 2개월 준비 끝에 목포에서의 첫 기독교 예배를 공식 드렸다. 1898년 5월 15일 양동에서 유진 벨의 인도와 설교로 시작한 게 목포와 전라남도 최초의 교회였다. 그 해 11월에는 오웬 의사가 목포로 합류하여 이듬해 1899년 목포 진료소를 개설하였으니, 이는 목포와 전라남도 최초의 서양식 병원이었다.

1900년 목포교회는 대리당회 설립 허가되어, 당회장 유진 벨, 서기 오웬으로 목포교회 첫 당회를 구성하고 첫 성례전도 치뤘다. 당회로서의 기능을 갖춘 목포교회는 1900년 여름에는 교인들에게 세례를 베풀 수 있었고, 첫 세례자들은 교회의 지도자로 부상하였다.

이들은 광주를 비롯한 전남 전역에 파송되어 전도하며 평신도 선교사로 역할하였다. 그들은 지원근 마서규를 비롯하여, 유성기를 짊어지고 도서지방 전도하던 노학주와 그 외 김만실, 김현수, 임성옥, 김치도, 그리고 김윤수 등이었다.

목포교회는 1903년 초 양옥식 예배당을 지어 헌당예배를 6월 28일 드렸다. 유달산에서 벽돌을 날라 사방 벽을 쌓았으며, 해남 두륜산 낙낙장송을 베어와 대들보를 쌓고, 지붕은 기와로 덮었다. 내부는 높은 천정에 아름다운 등이 걸려 있고, 회중의 긴 의자와, 큰 오르간도 구비하였으며, 예배당 이름을 로티위더스푼벨기념교회당이라 하였다. 유진벨의 아내 로티 사모가 1901년 너무도 일찍 사망하였는데, 목포 성도들은 새 예배당에 그녀의 이름을 기렸던 것이다.

이때 목포교회는 세례교인 27명, 평균 출석 교인 60~70명, 그리고 무안, 나주, 영광, 광주, 장성 등지에 각기 10~20명 출석하는 예배처소를 두고 있었다. 목포교회가 설립된 지 8년 만인 1906년 4월 10일, 교인 200여 명이던 때, 처음으로 장로 장립식이 있었다.

임성옥은 목포 최초 장로가 되었으며, 프레스톤 목사가 집례하였다. 임성옥은 이미 교회 초창기 때부터 유진 벨을 도와 교회를 이끌었으며, 기독교학교 설립 등 목포 초기 교회 형성에 크게 기여하였다. 임성옥 장로는 1907년 조선예수교장로회독노회 창립총회에 목포교회를 대표하여 참여하였으며, 그는 또한 평양신학교를 1913년 졸업하고 목사로서 헌신하였다.

1909년 목포교회는 외국 선교사가 아닌 한국인으로 최초 담임목사를 맞아 들인다. 유진 벨(1, 4대), 오웬(2대). 레이놀즈(3대), 프레스톤(5대), 해리슨(6대)에 이은 7대 목사로서 윤식명이 부임하였다. 그리고 그 이후부터는 계속 한국인 목사들에 의해 교회 지도력이 형성되었다. 당시 교세는 550여명으로 부흥했으며, 한꺼번에 예배드리지 못해 남자는 본당에서 여자는 영흥학교 건물에서 따로 예배를 드릴 정도였다. 350여명의 아동부는 13개 반으로 나뉘어 운영하였다. 그래서 더 넓은 예배당을 짓기 시작했다.

864평 대지위에 106평짜리 600명 수용 가능한 정방형 건물을 지었다. 유달산의 돌을 날라 석조 건물로 지었으며, 7,100원이 소요되었다. 예배당 좌우측 출입구 상부 아치에 음각체 글씨도 각각 새겼다. 왼쪽엔 '대한융희4년(大韓隆熙四年)'이라는 대한제국 연호와 태극기 문양이 그려져 있고, 오른쪽엔 '주강생일천구백십년'이라 하였으니, 교회문화사적으로 매우 뜻깊은 현판으로 남아있다.

1910년 완공될 것으로 예정하여 연도를 새겼으나, 실제로는 공사가 지연되어 이듬해 1911년 마쳐졌다. 이 건물은 110여년이 흐른 2021년 현재도 예배당으로 잘 사용되고 있으며 국가등록문화재로 지정되어 있다.

목포 근대교육을 시작한 정명학교

선교사들은 교회 외에 오웬에 의해 병원을 세워 환자 진료에도 힘썼으며, 1903년에는 남녀학교도 세웠다. 영흥학교와 정명학교다. 어릴 적 양동에서 자랐던 박화성은 자연스레 교회를 출석하며 정명학교를 다녔다.

목포가 낳은 소설가 박화성은 1904년 목포 죽동에서 태어났다. 목포역 맞은 편으로 100미터 쯤 들어가면 그녀의 어릴 적 생가터가 나오는데, 오래전 흔적은 사라지고 현대식 건물이 들어서 있는 것은 참 아쉬운 일이다. 건물 앞에 박화성 생가터라는 작은표지석이 있을 뿐이다. 아버지 박운서와 어머니 김운선의 막내딸이었던 박화성의 어릴 때 이름은 박경순이었다. 후에 이름을 박화성으로 썼고, 문인으로서 그의 호는 '소영'이라 하였다.

그녀의 어릴 적 목포는 이미 미국의 선교사들이 찾아와 복음을 전파하고 교회를 세워 기독교를 보급하고 있었다. 어머니가 신앙을 접한 까닭에 박화성도 아주 어릴 때부터 기독교 신앙을 갖게 되었다. 목포 교회 어린이 신자로서 그녀는 성경을 암송하며 총명하고 믿음 좋은 유년시절을 보냈다.

꽤 영특했다는 그녀는 유년기 때부터 국문과 한자를 익혔으며, 7살 때는 소설을 읽기도 하고 11살에는 소설을 습작하기도 했다니 상당히 조숙했던 것같다. 어머니가 가져다 주고 빌려다 주는 소설을 비롯한 여러 책을 읽으며 세상의 지식과 지혜에 일찍부터 눈을 떴고, 스스로도 글을 쓰며 작가로서의 역량을 키웠다.

박화성은 목포 여학교를 다녔다. 1903년 9월 미남장로교 선교부는 남녀학교를 양동 선교부내에 세웠다. 목포와 전라남도의 최초 서양 근대학교인 셈이다.

박화성이 다닌 여학교는 '스트래퍼'라는 목포에 온 최초 여선교사가 시작하였다. 학교는 1915년 6월 보통과(초등학교과정) 첫 졸업생을 배출한다. 박애순, 최자혜, 박경애 3명이었다. 박애순과 최자혜는 상급학교에 진학하여 후에 교사가 되었다. 박애순은 광주수피아여학교 고등과를 또한 1회 졸업, 수피아여학교 교사를 지냈고, 최자혜는 미국유학하여 대학교 학사 학위를 받고 1928년부터 정명여학교 교사를 했다. 박경애는 박화성의 친언니였다.

2년후 1917년 박화성은 3회 졸업하였다. 목포 여학교는 1914년 3월 중등과정 첫 졸업식을 하였으며, 학교 이름을 이때부터 정명학교(남학교는 영흥)로 개명하였다. 학제도 개편하여, 4년제 보통과와 4년제 고등과로 보다 진전있는 학교 체계를 갖췄다

정명학교는 1919년 목포 독립운동의 시발점이었다. 4월 8일, 교직원과 학생들이 주도한 항일 독립만세운동을 주도하였는데, 이때의 귀한 사료들이 선교사 사택에서 발견되었다. 1983년 2월 14일 건물을 보수하기 위해 천장을 뜯어내던 중 2층 문설주 위 귀퉁이에서 문서 더미가 발견된 것이다.

문서는 붓으로 적은 김목사전(金牧師殿)이다. 3.1운동 당시 사용했던 3.1운동 선언서의 우송봉투였다. 이것이 현재 천안 독립기념관에 보관돼 있는 5종의 문서다. 5종의 문서는 3.1운동 당시 민족대표 33인이 작성한 '독립선언서' 인쇄본 1통, 동경유학생들이 조선청년독립단 명의의 '2.8독립선언서' 인쇄본 1통, '조선독립광주신문'이라는 제하의 인쇄물(지하신문) 1본, "경고아이천만동포"(2000만 동포에게 고하는 글)로 시작하는 격문 1매, 거칠게 손으로 적은 듯이 보이는 독립가 사본 1매다.

1919년 4월 8일 일본경찰의 삼엄한 경계에도 불구하고 기독교인들과 영흥학교, 정명학교 학생 등을 포함한 150여 명이 거리로 뛰어나와 대한독립만세를 외쳤다. 당시 목포공립보통학교(현 북교초등학교)는 일본인 교장에 의해 민족운동이 억압된 반면 선교사들에 의해 운영된 정명여학교와 영흥학교의 경우는 일본의 간섭이 적어 만세운동의 주체가 될 수 있었던 것으로 보인다.

1937년 일제가 신사참배를 강요하자 정명학교를 비롯한 모든 미션 학교들이 자진하여 폐교하였다. 정명학교는 일제에 의해 목포여자 상업학교로 쓰였다가, 해방후 1947년 9월 23일 목포정명여자중학교로 복교(재개교)하였다. 1962년 12월 고등학교를 설립하였고, 1964년 3월 31일 호남기독학원을 설립하였으며, 2021년 현재 같은 자리와 공간에서 중고등과정을 운영하고 있다.

성당산, 레지오마리애

박화성의 "추석전야"에서 소개하는 또 다른 종교 시설, 성당산(聖堂山), 목포 천주교는 개신교 도입과 거의 같은 시기에 프랑스 신부들이 들어오면서 시작되었다. 당시 산정리 언덕에 성당을 짓고 전교활동을 펼쳤는데, 이 산은 예전엔 솔개재라 불렀다.

산정동에서 대성동으로 넘어가던 고개인 '솔개재'는 예전 죄인들을 참수하였던 곳이다. 사형에 처해진 시체 주변을 솔개들이 떠돌던 고개라 해서 붙여진 이름이었다.

1898년 드애 신부는 이곳 언덕에 터를 잡고 산정동 성당을 지어 천주교 전도활동을 전개하였다. 그리고 1955년엔 아일랜드 수녀회에서 파송된 이들이 이곳에 '성 콜롬반 병원'을 지어 목포 시민들의 건강과 보건을 도왔다. 당시 전라남도 일원에서 대단히 큰 종합병원으로 큰 활약을 하였는데, 운영상의 어려움으로 폐원된 것은 참으로 아쉽다. 목포에는 개신교 선교사들이 세웠던 '프렌치 병원'이 있어서 식민지 시대에 큰 활동을 하였었는데, 이것 역시 해방과 함께 병

솔개재 언덕에 자리한 천주교 대성당과 레지오마리애 기념관
(목포시 노송길 35)

원 사역이 중단되었다. 개신교나 천주교에서 운영하던 당대의 대형 종합병원들이 계속해서 지금까지 이어져왔다면, 진작 이곳에 의과대학이 생기고도 남았을 터인데, 아직까지도 전라남도 어느 곳에도 이렇다할 의과대학이 없는 것은 안타까운 일이다.

이곳에서 오래도록 전도활동을 전개하며 전라남도 곳곳에 성당을 짓고 교세를 확장하며 목포의 천주교가 광주대교구 소속으로 있는데, 최근 기존의 병원 시설을 정리하고 여기에 목포카톨릭성지화를 조성하였다. 대형 건물인 '산정동대성당'과 '레지오마리애기념관'을 신축하였고, 옛 간호전문학교 건물에는 '역사박물관'을 만들었다.

고등교육을 받으며 작가로 등단

박화성은 정명학교에서 초등과정(보통과)을 마친 후 중등과정(고등과)은 서울 정신여학교로 진학한다. 이때 만난 학우가 김말봉이었다. 부산출신의 기독교인이었던 김말봉은 이후 박화성과 함께 한국 현대 여류소설의 쌍벽을 이룬다. 김말봉은 후에 서울역 맞은편에 있는 성남교회에서 장로로 취임하였는데, 이는 우리나라에서 여성으로서는 최초로 장로가 된 일이었다. 김말봉은 일본 도시샤대학에서 영문학을 전공하였으며, 한때는 목포에 거주하면서 근우회와 목포 청년운동 등을 벌이기도 하였다. 그녀는 또한 해방후에는 일제에 의해 만들어진 공창제 폐지 운동을 벌였으며, 대중연애소설 찔레꽃 등을 필요한 다수의 작품도 남겼다.

세모시 옥색치마 금박 물린 저 댕기가

창공을 차고 나가 구름속에 나부낀다

제비도 놀란 양 나래 쉬고 보더라

한 번 구르니 나무 끝에 아련하고

두 번을 거듭 차니 사바가 발 아래라

마음의 일만 근심은 바람이 실어 가네

(김말봉, "그네").

국민가곡 '그네'는 김말봉이 작사하였다. 작곡은 금수현이 했는데, 김말봉의 사위였다. 금수현의 아들 작곡가 금난새는 김말봉의 외손주가 되는 셈이다. 함께 기독교 신앙을 지니고 작가의 길을 걷게 된 동무로써 중학시절 정신여학교에서 김말봉과 교우를 맺었지만, 박화성은 엄격한 학교 기풍에 질려 이웃한 숙명여학교로 전학하였다. 그곳에서 고등과정을 이수한 후 1922년 전남 영광중학교 교사로 부임한다.

박화성은 이곳에서 시조작가 조운을 만나게 되고, 그의 지도아래 본격적인 작가 수업을 하게 된다. 조운 선생의 도움과 지도아래 습작활동을 부지런히 했고, 드디어 1925년 "조선문단" 1월호에 단편 "추석전야"를 이광수의 추천으로 게재하며 정식으로 문단에 데뷔했다. 박화성은 1926년 숙명여학교에서 남은 과정을 마저 마치고 공식적으로 고등과정을 졸업하게 되었으며 곧바로 오빠의 친구 도움으로 일본 유학에 나섰다. 니혼여자대학 영문과에 입학하여 난시가 되고 빈혈이 심해질 정도로 공부에 전념하였다고 한다.

1928년 이곳에서 사회주의 문학활동을 하던 김국진과 교제하며 결혼하였고, 항일운동단체였던 근우회 도쿄지부장 역할도 맡아했다.

1929년 두 자녀의 양육 등의 어려움으로 학교를 3년 밖에 못하고 중퇴하며 귀국하였다. 서울에 돌아와서는 남편 김국진이 저항운동을 펼치며 옥중에 있기도 하고 그가 출옥한 후에는 돌연 간도로 떠나버리는 바람에 생활고에 시달리던 박화성은 다시 고향 목포에 내려와 창작활동에 열심을 내었다.

1930년대 그녀가 30대 청년기를 달리던 시절, "하수도공사", "백화", "북극의 여명", "헐어진 청년회관", "한귀", "고향없는 사람들" 등 그녀의 대표작품들을 봇물 터지듯 쏟아냈다.

존경할 만한 목사, 기대에 못 미치는 선교사

박화성은 어려서부터 기독교 신앙을 지녔었기에 교회를 주변으로 한 종교 영역에도 늘 가까이 할 수 있었다. 그녀는 어릴 적 선교사로부터 유아세례를 받았으며 몸이 아팠을 때 꿈이나마 이기풍 목사의 안수기도에 따른 체험적 신앙도 지닐 정도로 기독교와 관계 깊은 인물이다. 그런 박화성이기에 기독교를 소재로 한 소설도 많다.

여러 선교사들을 대하면서 그들로부터 사랑을 받고 교육도 받으며 자라오면서 긍정정인 면과 함께 부정적 인식도 많았음을 서슴없이 도려낸다. 자존심 강할 수도 있고, 조금은 우월함 지닌 신여성으로서 더 좋은 대우와 관계 욕심있을텐데 혹 잘하다가도 마음 배려 얻지 못하면 신랄하게 비판하고 비난도 해대는 어리석고 불완전한 박

"펜 하나로 꿈을 그려낸
세한의 송백이 되어"

화성의 다른 모습을 보게 한다.

내가 잘못한 것이 무엇인가? 서양 부인 제가 모세의 장인을 시아버지라 하여 바르게 가르쳐 주어도 듣지 않고, 또 기도할 때도 시험에 빠지지 말게 해 달라고 하여야 옳을 텐데, 시험에 빠지게 해 달라 하였으니 우리가 웃고야 말일이 아닌가? 그런데 제가 어학의 재주가 없어서 말의 실수를 해 놓고는 웃었다고 벌을 주니 이런 원통하고 야속한 노릇이 어디있나...

그 후로 영재는 서양 사람 보기를 원수와 같이 하였다. 선교의 목적을 띠고 와서는 저희는 좋은 집에서 편히 살면서 조선 아이들을 가르칠 때는 저희 마음대로만 후리러 들고 그들에게 알랑거리고 아첨하는 사람만을 도와주고 사랑하면서도 조선 사람은 가축과 같이 알아주는 그 서양 사람들이 끝없이 미웠다.

(박화성, "북극의 여명").

미국 선교사들이 우리 말을 잘 하지 못하는 것과 우리 문화에 대한 부족한 이해, 그리고 독신 여성선교사에 대한 여성으로서의 편견과 비판도 상당수 표출하고 있으니 소설 읽으면서 또다른 재미와 인간사의 불완전함을 배운다. 반대로 종교인으로서 모범이 되었던 한 목사에 대해서는 한없는 존경의 마음을 드러내는 것도 있다.

내가 북문밖교회의 사택인 최목사님댁의 끝방 하나에 행장을 풀자 야학 처녀학생과 새댁들이 제일 기뻐하고 자취도구며 거기에 필요한 모든 것들을 자기네들끼리 다 준비하여 최목사님은 그 호인다운 안면에 온화한 웃음을 가득 담고 "집주인이라도 우리가 도와줄 일은 하나도 없게 되었소. 어쨌거나 박선생은 가나오나 무척 사랑을 받는데 무슨 비결이라도 있소"하고 대견하다는 듯 내게 농을 걸기도 하였다.

최목사님은 진정으로 나를 자녀처럼 누이처럼 알뜰히도 보살펴 주셨고, 제수되는 김필례 선생과도 남매나처럼 의지상통하여 제수로서보다는 서로 존경하고 신뢰하는 외우(畏友)사이로 보였다.

그만큼 인자하고 소탈하고 탈속한 전형적인 성직자 최흥종 목사.

(박화성, "나의 삶과 문학의 여적").

박화성은 1921년 18살때 광주 북문밖교회에 출석하며, 낮에는 유치원에서 밤에는 야학에서 교사로 일한다. 그리고 그곳에서 교회 담임인 최흥종 목사를 알게 되며 가까이 할 수 있었는데 남다른 그의 면모를 그리기도 했다. 청년시기 건달에 지나지 않던 최흥종은 기독교에 입문하면서 여생을 참으로 멋지게 살았다. 나병과 결핵으로 고생하는 병자들이나 가난한 민중들 틈에서 참으로 성자와 같

목포의 문화와 기독교 역사 연구에도 힘썼던
정명여학교 한덕선 교장과 대담을 나누는 박화성

은 사랑을 펼쳤다. 광주 시민들은 그를 아버지처럼 대하며 존경하였다. 대체로 사람에 대해 까칠한 편인 박화성도 최 목사의 남다른 인품과 지도력을 존경하였으며 그의 소설 속에 드러내었던 것이다.

목포 문학 사랑방, 세한루

박화성은 1937년 김국진과의 불화가 이어지며 결국 이혼하였고, 끈질기게 구애하던 천독근과 재혼하였다. 천독근은 목포 연동에 직물회사를 경영하던 사업가로 이후 목포부회와 전남도의원을 지내기도했다. 박화성은 세 아들을 두었으니, 천승준, 승세, 승걸이다. 장남 승준은 문학평론가, 차남 승세는 소설가, 삼남 승걸은 서울대영문과교수를 지내는 등 자녀들도 모두 문학활동을 하였다.

천독근의 방직회사는 옛 용당리, 지금의 동목포전화국 일대였다. 2,800여평에 이르는 상당히 넓은 부지에 직원과 기계도 꽤 많았으며 1930년대부터 이어오던 전쟁 특수 등으로 사업이 번창하였다. 그러나 해방이 되고 남북간의 교류가 단절되면서 공장은 점차 쇠퇴하였고, 천독근은 1959년 먼저 사망하였다.

그가 남겨놓은 부지와 넓은 저택에 머물며 박화성은 계속해서 집필활동에 열심내는 한편, 목포 지역 문인들을 지도하고 격려하는 일에도 정성과 마음을 쏟았다. 목포의 글쟁이들이 박화성의 집을 늘 드나들며 교제하는 한편 목포의 문학발전에 함께 의논하고 열심을 내었다. 마치 문학인들의 사랑방같았다. 조희관, 차범석, 차재석, 권일송, 백두성 등 당대 쟁쟁한 문도들이 이곳에서 함께 창작의 열기를

박화성이 초등과정을 다녔던 정명여학교 교정에 있는 그의 문학비
(목포시 삼일로 45)

'세한루' 공원은 박화성 선생의 옛 거처로 목포 문인들의 사랑방이기도 했던 곳이다.
(목포시 소영길 49번길)

태웠다. 한국 근현대문학의 저수지같은 공간이었다.

목포시는 이를 기려 박화성 선생의 옛 집터이며 문학사랑방이었던 이곳에 '세한루'라는 정자를 만들어 복원하며 그녀를 기리는 공원을 조성하였다. 박화성 흉상과 전통 한옥정자, 일각문, 전통 담장으로 되어 있고, 선생의 연보와 함께 그녀가 작사한 '목포의 찬가' 시비를 설치하여 작은 공원을 만들었다.

1절   절목화 꽃송이 송이 들녘에 피고
        푸른 물결 다도해를 감돌아 드네
        육지도 열리고 바다도 열려서
        세계의 사연들이 오고가는 곳
        내고향 목포는 문화의 고장
        알차게 뻗어나갈 미래를 향해

(후렴)   나가자 더나가자 힘차게 더 힘차게

2절   삼학도 사라져도 전설은 남네
        충무공 가셨어도 노적봉 그대로네
        민족혼 깊게 서린 유달은 날로 푸르러
        그 정신 이어가는 아들딸을 가꾸는
        내고향 목포는 역사의 고장
        흥겹게 걷우어갈 결실을 향해

(박화성, "목포의 찬가").

세한루(歲寒樓)란 이름은 우암 송시열이 푸르른 소나무를 두고 한 말에서 얻었는데, 일제강점기와 남북전쟁등 격변기 고단한 현실에서도 좌절하며 바래지않고 오히려 맞서며 주옥같은 작품으로 시대를 고발하고 일깨웠던 박화성의 일대기를 기리는 뜻에서 지어졌다.

소영 박화성은 일제강점기 굴곡진 시대상황에서 핍박받은 노동자와 서민들의 애환과 가난을 소재로 사회성 강한 소설을 썼으며, 사회적인 문제에 깊은 관심을 가지고 현실고발적 강렬한 이념과 사상성을 보여주며 삶에 대한 의욕을 북돋왔다.

그의 소설은 부자와 가난한 자, 지주와 소작인, 강자와 약자 등의 계급적 모순을 포착하여 궁핍의 원인을 해명하려 시도했다는 면에서 대단히 사실주의적이다. 또한 당시 계급문학을 지향했던 카프에는 직접적인 활동까지는 하지 않았다하더라도 동반자적 경향성을 드러냈다는 점에서 소설문단사적으로 큰 의미를 갖는다.

박화성은 대한민국예술원 회원을 지냈으며, 한국문단사에 길이 남을 명저작들을 숱하게 남겼다. 1988년 85세를 일기로 서울에서 작고하였다.

목포문학관의 박화성

입암산 아래 바닷가를 따라 늘어서 있는 목포의 문화예술박물관 지대는 관광객들에게 나름 좋은 평가를 받는 공간이다. 오래전 신안 앞바다 해저 유물선을 전시한 해양박물관부터 시작해서 남농 허건 가문의 미술관, 자연사박물관, 옥공예관, 그리고 4명의 문인을 기린

복합문학관과 문화예술 공연장까지 복합문예공간이 몰려있다.

목포문학관은 김우진, 박화성, 김현, 차범석 4인을 기리는 실내 공간과 주변 바깥 뜰에 다른 문인들의 기념비 등으로 설치되어 있다. 원래는 박화성을 기리는 문학관으로 시작하였기에 실내에도 박화성실은 잘 조성되어 있으며, 바깥 뜰에도 그의 흉상과 함께 기념비가 잘 마련되어 있다.

아! 박화성
당신은 외로운 새벽별
여명의 어둠 속에 홀로 남은 별 하나
꽃다운 나이에 새벽길을 떠나는 나그네
찬 서리 매운 바람 속에서도
황량한 지평을 향하여
붓 한 자루로 꿈을 그려냈으니
아! 그것은 우리의 자유 영원한 자유!
일제의 쇠사슬 아래서
야위어만 가는 이 땅의 골짜기
눈물 고인 자리마다 무궁화가 피기를 갈구 했던 절망의 시대에도
가난과 무지와 종살이에서 벗어나자고
말과 글과 영혼으로 써 냈던 진주같은 작품들
아, 당신은 이 세상 크기보다 더 큰
자유의 씨를 뿌린 선구자였소
세월은 가도 역사는 흘러도

진실과 사랑과 정의는 강줄기처럼 흐르니

팔십 평생 당신이 뿌린 문학의 씨앗은

세세 연년 해송보다 푸르름을 더해가니

유달산이 내려다보고 영산강의 품에 안긴

이 축복의 땅에 당신이 살아 계심에

아, 당신은 이 땅에 자유의 씨를 뿌리신

아, 당신은 새벽길을 열어주신 선구자였소

(차범석, "씨 뿌리는 여인").

4

차
범
석

못다한 사랑, 바다에 잠기다. 삼학도

2021년 봄, 전원일기 동창회가 열렸다. 2002년
이 마지막이었으니, 거의 20여년 만이다. 세월
을 한참 거슬러 올라가야 한다. 지금으로부터
40여년 전, 1980년 가을, 텔레비전 드라마 '전원
일기' 첫 회가 시작되었다. 첫 대면부터 제목이
예사롭지 않았다. '박수칠 때 떠나라'. 이제 시작인데 뭘 떠나? 공교
롭게도 국민들은 좋아했고 재미있고 유익하다고 박수를 수도 없이
쳤는데, 드라마는 떠나지도 않고 물경 총 1088회, 22년간 방영되어
우리나라 TV 드라마 최장수 프로 기록을 갖고 있다. 대한민국의 전
형적인 농촌의 한 마을을 배경으로 김회장네 가족과 일용이네 가족
을 중심으로 한 평범하고 소박한 사람들의 이야기가 옴니버스 형태
로 전개되었다.

가히 국민드라마였다. 두 기둥 국민 아버지 김회장 역의 최불암과

아내 이은심 역을 맡은 국민 어머니 김혜자. 그리고 이 집의 아들 김용건과 유인촌, 며느리 고두심과 박순천, 옆집의 일용 엄니 김수미 등 안방의 국민 배우들로 자리한 사람들이 종영후 강산이 두 번 바뀐 세월이 흘러 재회했으니 밀린 이야기 거리가 얼마나 많았으랴.

그때같이 아름다울 수 없다. 전원일기를 통해 성숙한 인간이 됐다. 내 인생에 나타나 준 것에 대해 말할 수 없이 감사하다. 내가 그렇게 근사한 엄마가 아니었다. 작가가 써준 엄마가 그런 엄마였다.
(이은심 같은)엄마가 될 수 있나 굉장히 많이 생각하게 됐다. 잘 살아야 한다. (이은심을 사랑해준 분들을 위해) 항상 조심한다. 그렇게 안 하면 안돼.

(김혜자).

배우들은 작가 김정수에게 공을 돌렸다. 그가 가장 오래도록 대본을 썼고, 우리나라 전형적인 한 시골마을의 인생 캐릭터를 재현해 냈으니까. 전원일기 거의 절반에 해당하는 530여편을 김정수가 지었다. 거의 절반을 그녀가 차지했다. 오래도록 드라마가 제작되면서 작가가 무려 16명이 동원되었는데, 중요한 또 한 사람을 생각하자면 차범석이다. 이 드라마가 그에 의해서 시작되었고, 그는 초기 1년여 48편을 만들며 전원일기 캐릭터의 밑밥은 그가 잘 깔아놓았기 때문이다.

나는 1980년 10월 22일부터 문화방송의 농촌 드라마 〈전원일기〉를

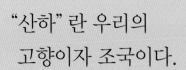

"산하"란 우리의
고향이자 조국이다.

떠도는 산하중에서

집필하였다. 약 1년 동안 48편을 써나가면서 내가 소망한 점은 바로 우리들의 '마음의 고향'으로 되돌아가고 싶은 작은 바램이었다. 외형적으로는 잘 살고 있을지 몰라도 정신적으로는 병들어만 가는 현대인에게 인간 본연의 마음을 되찾는 길이 무엇인가를 넘어다보면서 작품을 썼었다.

(차범석).

1980~90년대 20여년 간 국민들에게 정신적 위안과 힘이 되어 주고 시골 고향에서 자란 사람들에게 다를 바 없는 자화상이 되어 주었던 전원일기 드라마, 많은 재미와 감동 속에 또 하나의 경사스런 열매는 드라마 연인으로 나온 김회장네 손자 영남이와 일용 엄니 손녀 복길이가 실제로 나중에 결혼하여 부부가 된 사건이다. 오랜 장수 프로를 지내는 덕에 이들 배우들도 함께 성장하며 시골 청년 남녀의 우정과 사랑이 싹텄다. 한창 미래를 꿈꿀 무렵 아쉽게도 드라마는 종영되며 이들도 미완의 사랑으로 끝났으나, 현실에서는 그들의 실제적인 사랑과 연애는 지속되었고 결국 결혼까지 하였다. 2002년 전원일기 막은 내렸는데 2년 후 2004년 남성진과 김지영은 결혼식을 올렸고, 주례는 작가 차범석의 몫이었다.

사실주의 연극을 완성한 차범석

차범석 선생은 한국 연극에 사실주의를 완성한 작가다. 사실주의 연극이란 종래의 낭만주의 연극에 대한 반동으로 19세기 말 유럽에서

목포문학관 차범석관

목포문학관 차범석관의 전시 소개
(목포시 남농로 95)

성행했던 연극운동이다. 사람의 일상생활에서 있을 수 있는 실제 이야기를 소재로 다루었으며, 희곡과 배우들의 연기는 물론 배우의 의상이나 무대의 조명, 음향효과 등을 새롭게 중요하게 다뤘기에 희곡 못지 않게 무대 연출가의 역할을 상당히 비중있게 취급하였다.

"인형의 집"을 쓴 노르웨이의 헨리 입센이 사실주의 희곡의 선구자이며, 프랑스의 에밀 졸라, 러시아의 안톤 체호프 등이 이에 속한다. 우리나라에선 1920년대 다른 사조들과 함께 사실주의도 도입되었으며, 1930년대의 유치진을 중심으로 한 극예술연구회로부터 사실주의 연극이 시작되었으며, 이를 완성한 이로 차범석이 평가된다. 일제 치하에서 해방된 조국, 그리고 이어진 남북간의 분단과 전쟁의 상흔 속에서 자란 터였기에 그의 초기 작품에는 이의 실상과 문제 의식이 그대로 초기작품에 이어졌다.

시대적 변화와 전쟁으로 인한 가정의 해체, 신구 세대의 갈등과 사회적 혼란을 다루면서 토속적이고 전형적인 인물을 창출하며 탄탄한 사실주의 희곡을 개미지게도 써냈다.

그의 초창기 대표작인 "밀주"는 가짜 밀주 단속반원의 횡포를 전라도 신안 흑산도 어촌마을 배경하에 토속적 대사로 그렸으며, "불모지"는 새로운 가치와 사조의 등장에 따른 신,구 세대의 갈등을 다뤘고, "산불"은 이데올로기에 의한 민족의 갈등과 남북 분단의 아픔을 남녀의 욕망과 갈등에 비추어 묘사하였다. 탈출한 공비와 산마을의 여인간의 사랑과 성적 욕망을 그린 "산불"은 분단과 전쟁의 비극을 한 마을에 축약시킨 탄탄한 극의 구조와 인물 창조로 한국 사실주의 극의 대표적 작품으로 알려진다.

차범석은 첫 희곡집 "껍질이 깨지는 아픔없이는"을 비롯해서 수 권의 희곡집을 낸 것은 물론 평론집과 수필집도 다수 내며 우리나라 현대 사실주의 연극의 큰 밑거름이 되었다. 목포에서 태어나고 자랐기에 그의 작품에는 목포를 배경으로 한 희곡도 당연히 있다. 1981년 쓴 "학이여 사랑일레라", 2003년의 "옥단어!"가 대표적이다.

"학이여 사랑일레라"는 목포의 삼학도 전설에 기초한 작품이다. "목포의 눈물"에 나오는 그 유명한 '삼학도'다. 유달산과 삼학도에 얽힌 전설을 먼저 알아야 한다.

이루지 못한 사랑의 전설, 삼학도

언제적 이야기인 지는 모른다, 꽤 오래전 옛날 유달산에는 한 총각이 있었다. 글을 공부하는 선비라고도 하고 무예를 익히는 장사라고도 했다. 사람으로서는 도저히 오를 수 없을 것 같은 경사진 절벽을 오르내리며 상당한 거리의 바위 사이를 건너뛰기도 할 뿐더러, 활 솜씨나 무술이 대단히 뛰어났다. 나는 새 쯤은 백발백중 급이었고, 호랑이(예전에 유달산에 실제 호랑이가 있었다는 기록이 있다)와 싸워도 큰 칼로 숨통을 끊어 냈다니 가히 장사다.

유달산 자락 아래 마을에는 세 처녀가 있었다. 이들은 아침이면 유달산 바위틈에서 물을 긷기 위해 산에 오르곤 했다. 세 처녀는 총각 장사가 바위를 내 달리며 무예를 익히는 모습에 반하였다. 총각인들 다르랴. 그도 과년한 여성이 물동이를 이고 다니는 모습을 볼 때마다 심쿵할 수 밖에. 세 처녀는 총각을 마음에 품게 되었고, 총각 역

삼학도 공원에 누워있는 '목포의 눈물'

이난영 수목장
(목포시 삼학로92번길 25)

시 그녀들을 볼 때마다 화살이 빗나가기도 하고 바위에서 미끄러지기도 하며 집중하기 어려웠다. 총각은 결심을 하고 세 처녀에게 자신이 무예를 익히고 공부를 제대로 다 하기까지 떠나 달라고 하였다. 목포 앞바다 멀리 있는 섬으로 가라고 했다.

총각을 진심으로 염려하고 사랑했을까? 요즘같으면야 그런 부탁도 엉성하기 짝이 없는데, 처녀들도 눈물을 머금고 자리를 피해 준다. 목포 앞 포구에서 나룻배를 얻어 멀리 떠나는 세 처녀. 그 모습을 유달산 위에서 내려다 보는 총각의 심사가 심히도 흔들렸다. 세 처녀는 멀리 떨어져 지내는데 서로에 대한 마음은 더욱 크기만 하고 상사병 지경에 이르렀다. 식음을 전폐하던 끝에 세 처녀는 죽게 되고, 그들의 영혼은 학이 되어 유달산 주위를 맴돌았다.

세 학이 자신을 돌며 마음을 보내는데 이를 제대로 알 리 없는 총각이 그만 그들을 향해 화살을 날렸고, 화살에 맞은 세 마리 학은 그대로 유달산 앞 목포바다에 빠지고 말았다. 그리고 그 자리에 세 개의 섬이 떠올랐다. 전해 내려오는 이야기는 여러 종류로 약간씩 서로 차이가 있으나 이루지 못하는 남녀간의 슬픈 사랑이야기 전설을 지닌 세 섬을 삼학도(三鶴島)라 부르고 있다.

윤도령: 학이 떨어진 자리에 섬이 솟아오른다.

장 쇠: 학이 섬으로?

윤도령: 그래! 학이다! 학이 살아나서 섬이 되었어!

장 쇠: 어째서요?

윤도령: 영원하기 위하여. 오래 남기 위하여. 사랑이 되기 위하여.

윤도령은 새로운 환희 앞에 무릎을 꿇고 합장 기도한다.

생명의 음악은 천지를 뒤덮는다.

(차범석, "학이여 사랑일레라").

1980년대 광주 민주화 항쟁이 일어난 지 얼마 안되 차범석이 이 극을 집필하였다. 민주화 운동의 소용돌이 속에서 적극적으로 참여하고 행동하지 못한 것에 대한 자책과 반성에서 "학이여 사랑일레라"를 썼다고 한다. 목포 삼학도 전설의 이루지 못한 비극의 세 여인과 도령의 이야기를 차용하여 주인공 윤도령이 겪는 세 여인을 통한 욕망과 좌절, 부모와의 사이에서 벌어지는 갈등을 그렸다.

온 가족이 함께 찾아 볼 만한 섬

목포 앞 바다에 떠 있던 섬, 삼학도는 목포의 근현대화 발전과정 속에 매립이 된 대표적인 사례이기도 하다. 1960년경 매립이 되어 육지가 된 삼학도는 유달산과 함께 목포 시민의 희로애락이 함께 하는 대표적인 명소다.

목포의 근현대화 발전과 성장처럼 삼학도 역시 여러 부침의 역사를 지닌다. 한 때는 공장도 있었고, 유흥가를 형성하기도 했지만 지금은 다 정리되어 흔적조차 찾기 어렵다. 새롭게 관광도시 문화 콘텐츠를 형성하느라 삼학도 주변으로 수로를 내어 섬의 형체를 복원하였고, 요트 마리나 해양레저 산업을 시동하고 있다.

또한 이 섬에는 김대중 노벨평화상 기념관과 목포어린이바다과학

김대중 노벨평화상 기념관
(목포시 삼학로 92번길 68)

어린이바다과학관
(목포시 삼학로 92번길 98)

관, 그리고 이난영 공원이 자리하고 있다. 목포를 찾는 자녀를 둔 가족에게 삼학도의 전설 못지 않게 이 곳은 좋은 견학처가 되어 준다. 특히 자라는 아이들에게 민주와 평화 운동의 선한 모델을 보여주고 동기를 부여하게 해 주며, 바다에 대한 무한한 상상과 창의력을 심어주는 기념관이다.

2013년 개관한 김대중 노벨평화상 기념관은 우리 민주화 운동의 화신이며 15대 대한민국 대통령을 지낸 김대중 대통령의 생애와 업적, 그가 중요하게 여기며 살아 냈던 민주주의와 평화, 인권 등의 가치를 전시하고 있다. 신안 하의도 출생인 김대중은 어릴 적 목포에서 지내며 학교를 다녔고 그가 살았던 옛 만호진 근처의 생가는 지금도 잘 보존되어 있다. 성장기 뿐만 아니라 그의 정치적 고향이기도 했던 목포이기에 시민들이 정성을 모아 그의 뜻을 기려 기념관을 지었다.

역시 같은 해에 개관한 어린이바다과학관은 새로운 해양 시대의 주역인 어린이들에게 해양에 대한 과학적 사고와 상상력을 심어주기 위해 마련되었다. 우리나라 유일의 어린이바다 전문과학관으로 바다상상홀, 깊은바다, 중간바다, 얕은바다, 바다아이돔 그리고 4D영상관, VR체험관 등으로 구성되어 있다. 입구에서부터 모형 잠수정을 타고 바닷 속으로 들어가 그곳의 아름다움과 풍경들을 감상하며 상상할 수 있을 뿐만 아니라 여러 디자인과 휘황한 색감 등은 아이는 물론 부모들도 호기심을 자극 받게 되고 교감 수치가 급상승하는 흥분을 만끽할 수 있으리라.

삼학도에 있는 이난영 기념공원은 우리나라 최초 수목장이 있는 곳이기도 하다. 2006년도에 경기도 파주 공원묘지에 있던 이난영의 묘를 이장하여 유해를 이곳 삼학도로 옮겨 20년생 백일홍 나무 밑에 안장하였다. 그녀가 1965년 세상을 떠난지 41년만에 고향 목포로 돌아온 것이었다.

차범석 대표작 '옥단어' 공연 포스터

옥단은 날품팔이꾼이다. 이 집, 저 집 다니면서 허드렛일도 해주고 수돗물을 길러주고 애경사 때는 빠짐없이 드나들었다. 언제나 싱글벙글 웃으면서 누구에게나 격의없이 대하는 친근감이 있었다. 그래서 어른이건 아이건 그를 부를 때 '옥단어!'라고 하대했다. 목포 지방의 사투리가 말끝이 '어'로 끝나는 특징이기도 하지만, 아무튼 '옥단어!'라고 누구나 스스럼없이 부르던 밉상스럽지 않은 그 성품은 만인의 친구이자 말벗이기도 했다.

우리가 가장 어렵게 살았던 1930년대부터 1950년대까지의 폭풍같은 세월 속에서 살아 나오는 옥단의 삶의 궤적은 곧 우리 현대사의 뒷골목 풍경이기도 하다. 한 무지몽매한 여인이 시달려 살았던 현실은 그대로 우리의 역사이자 시대의 반영일진대 이 작품은 단순한 연극이 아닌 우리 현대사의 그 아픔을 되돌아보자는 데다 그 의미를 두고 있다. '옥단어'하고 모두가 천대했던 한 여인의 생애를 통해 우리의 어두웠던 시대에 대한 진혼이기도 하다. 천대받으면서도 끈질기게 버티며, 남을 위해 베풀다가 길지 않은 생애를 마친 불행한 여인 옥단은 우리 민족의 자화상일지도 모른다.

(차범석, "옥단어").

'옥단'이라 불리는 젊은 여성은 목포에서 실존했던 인물이다. 물지게꾼이라할 수도 있고, 이것 저것 가리지 않고 무슨 일이든 심부름과 허드렛일을 다 해주며 약간의 품삯으로 근근히 살아가던 인물. 차범석은 어릴 때 같은 동네에서 엇비슷하게 자라며 지켜 보아온 그녀를 모델로 하여 작품을 썼다. 목포 사람들이 친구나 아랫 사람을 편하게 부를 때 이름 옆에 '-어'를 붙이는 것처럼 "옥단어!"라는 제목으로 말이다.

목포에는 옥단이가 물지게를 지고 오르 내리던 골목길을 따라 관광 문화 투어 프로그램이 운영되고 있다. 원도심 평지에서 유달산에 오르는 세 갈래 테마 길인 김우진 거리, 구름다리 거리, 목마르트 거리 등을 구비 구비 연결하여 약 5킬로미터에 이르는 목포 원도심 골목 길 '옥단이 길' 투어는 목포의 근대화를 엿보는 심장이다.

100년 넘는 세월 속에 형성된 유달산 자락의 마을과 골목 골목에 엉키고 성긴 집들과 담벼락, 축대, 들쭉 날쭉 자연스레 형성된 돌 계단과 집들은 현대사 속을 살아 냈던 우리 겨레의 삶이요, 마을 공동체의 전형이다. 이들 골목의 담벼락마다 그림과 설치 미술로 단장한 벽화 골목을 다니다 보면, 과거 선배들의 기운에 흠뻑 젖어들게 된다. 숨 가쁘게 앞만 보고 달려왔던 기성세대들에겐 옛날 골목길의 개구쟁이 친구들이 떠올려 지고 아련한 추억 속에 잠기며 잠시나마 숨을 돌리고 인생을 회고하도록 마음을 돌려 준다. 동행한 자녀들의 눈치는 아랑곳하지 않고 '나 때는 말이야~~'를 연발케 해주는 감상 속에 가족의 행복한 힐링을 품을 수 있는 옥단이 길을 걸어 보시라.

흔히들 말하기를 배우는 아름다운 용모나 개성의 소유자라야 한다는 게 상식이다. 그것은 틀림없는 말이다. 만인의 사랑을 받기 위해서 그것은 필수조건이다. 그러나 나는 생각이 다르다. 뛰어난 미모나 개성의 돌출은 도리어 거부감을 일으키게 한다. 더구나 여성의 경우는 그 아름다운 용모가 친근감보다는 오히려 거리감을 느끼게 하여 나와는 저만치 떨어진 다른 세계에 살고 있는 인물로 착각할 때가 있다. 엘리자베스 테일러나 마릴린 먼로나 브리지트 바르도같은 여배우가 바로 그런 타입이다. 그런데 그러한 조건을 갖추지 않고도 우리에게 호감을 안겨주는 배우가 있다. 미모 대신 친근감을, 반짝거리는 재기 대신 따스한 인간미를 듬뿍 느끼게 하는 타입이다. 그런 점에서 나는 단연 강부자를 으뜸으로 꼽는다.

(차범석, "강부자").

작가 차범석은 어릴 때 북교동에서 같이 지내며 보았던 실제 인물 옥단에 대해 잘알고 있다. 그에 대한 친근한 삶을 소재로 희곡을 써야겠다고 구상하던 차에 배우 강부자 씨가 자기 연기생활 40주년을 기념하는 희곡을 써달라 해서 집필을 하게 되었다. 그리고 연출가 이윤택도 토속적이면서 사람 냄새 진하게 느껴지는 옥단어에 대해

색다른 의욕을 느낀다는데서 서로 의기투합하였다.

그해가 또한 차범석으로서도 팔순이 되는 해였다. 작가가 무슨 은퇴니 정년퇴출이니 따로 있나, 숨이 다하고 건강이 있는 한 계속해서 글 써내고 현장활동을 하는 거다. 작가는 작품을 통해 세상에 자기의 발언을 한다. 그 자유가 허용되어 있다. 옥단어는 그 자유에 대한 차범석 노년의 발언이었다.

아버지 차남진

아버지는 나의 경멸의 대상일 뿐이오. 일본 식민지 정치 아래서 잘 먹고 잘 살기만 원했지, 동포들의 불행을 보고도 못 본 척하는... 이기주의자요.

(차범석, "옥단어").

"옥단어"의 '영찬'은 지주 집 아들로 일제 징용을 피해 도망다니다 결국 일경에 붙잡혀 취조 당하면서 아버지에 대한 그의 심경을 직설적으로 드러낸다. 영찬의 아버지 '이참봉'은 차범석의 아버지 차남진과 너무도 닮았다. 어쩌면 차범석은 자신의 아버지에 대한 부정적 이미지를 글을 통해 고발하고 울분을 토로한 것 같다.

이참봉의 신분은 그의 아버지 차남진이 일제강점기 족적과 실제로 같다. 차남진은 전라남도의회 의원, 목포상업회의소 부의장. 목포경방단장, 조선임전보국대 평위원 등을 지낸 일제 친일인사였다.

차범석의 부친 차남진은 일제 강점기 대지주이며 기업인과 관료로서 친일인사 명단에 들어있는 자다. 일본 메이지 대학 법학과를 졸업했으며, 이후 목포에 돌아와 일제의 특혜 아래 간척지를 개간하며 대지주가 되었고, 엄청나게 성장 발전하는 강점기 목포 상공업의 핵심 사업과 지위를 누리는 등 재산을 축적했으며, 이를 기반으로 정, 재계 요직을 차지하였다. 태평양전쟁기에는 조선 청년들을 전쟁터로 내 보내고 이를 지원하는 일제 어용 단체활동에도 적극적으로 참여하였다. 조국과 민족을 배신하며 자신의 부와 권력을 늘리고 호의호식한 자들이 받아야 할 댓가는 너무도 분명했다.

그런 아버지를 둔 자식의 심사가 어떠했으랴. 영찬이 그랬고, 차범석도 예외가 아니었으리라. 일제강점기 엄혹한 시대, 자신은 살아야 했고, 가족을 위해서였다지만, 민족을 배반하고 동포를 수탈 착취해 가면서까지 자신의 영달과 이기주의에 매몰된 자들은 마땅히 정죄를 받고 결산을 제대로 치러야 했다. 그러자고 해방이 되어 반민특위가 결성되고 일이 진행되었는데, 그 결실이 흐지부지 된 것은 두고 두고 우리 현대사의 큰 아픔이 되어왔다.

그런 사람을 아버지로 두고 있는 아들의 심사가 어떠했으랴. 부모의 이기적 행태와 반사회적 처신에 아랑곳하지 않고 부와 명예를 그대로 물려 받으며 사는 자녀들도 있고, 반대로 극도의 반감과 저항을 보이며 자신 만이라도 정직하고 정의롭게 살려고 노력하는 이들도 있다. 아버지에 대한 강한 부정, 그로 인해 차범석 자신도 이웃과 민족으로부터 당하는 고통이 만만찮았으리라. 부친이 돌아가신 지 오래되고 자신도 나이가 팔순에 이르렀어도 그 젊은 날 상처는 여전하여 "옥단어"를 통해 가슴아픈 부정을 고스란히 드러낸다.

목원동 차범석 벽화 거리

차범석은 생가는 지금도 여전하다. 목원동 그의 이름을 딴 거리도 있다. 가는 길에는 담벼락을 타고 예쁜 그림도 있는 게 주변 동네의 풍경과 똑딱이다. 그가 나고 자란 동네 반경 500미터 안쪽에는 김우진, 박화성, 김현, 허건 등등으로 말 그대로 문화예술인 성지다. 하여튼 예전에 이 동네에서 나고 자란 개구쟁이들은 대체로 글 좀 쓰고 그림도 좀 그린다. 다도해 섬을 품은 유달산 자락 아래 풍경과 남다른 예술성으로 무장한 사람들이 꽤 다니는 환경으로 자연히 함께 보고 배우고 흉내내며 그렇게들 문학을 하고 예술을 지향하였다.

무지개 구름다리에 새겨진 차범석 벽화

목원동의 세 테마 거리, 김우진 길, 목마르트 길과 함께 한 가운데서 중요한 몫을 지니고 있는 차범석 길을 이제 찾아가 봐야 한다. 이 길의 시작은 예전 팥죽을 파는 식당들이 몰려있던 곳이었다. 얼만 전까지만 해도 팥죽을 전문으로 지나는 행객들에게 내놓던 가게들이 10여개는 있었는데, 지금은 거의 사라지고 겨우 두엇 남아 명맥을 지킬 뿐이라서 세월의 변화를 또 느끼게 한다. 길 입구는 '서울순대' 식당부터다.

차범석 길이 시작되는 수문로의 '서울순대'집에서 약 200미터 유달산 쪽으로 올라가면 차범석 생가가 나오고 그 앞에는 그를 기념하

차범석 생가에 있는 도서관
(목포시 차범석길 27)

여 2020년에 생긴 '차범석작은도서관'이 자리하고 있다. 현재 이 집은 다른 사람의 소유로 되어 있는데, 차범석 문인을 기리는 마음을 내어 주차장 일부를 도서관으로 조성하였다. 그리고 이 공간에 차범석의 장녀이며 차범석연극재단이사장인 차혜영 씨가 기증한 차범석 희곡 전집과 소장 도서, 그리고 목포 문인들의 작품 등으로 도서관을 꾸몄다.

바로 위에는 '가수이난영 & 김씨스터즈전시관'이 있다. 이난영과 그의 딸들로 구성된 우리나라 최초의 여성 보컬 그룹 김씨스터즈를 기념하는 곳이다. 이난영의 유품과 김씨스터즈의 악기와 활동 사진 등으로 전시되어 있으며 목포화가의 집과 함께 쓰이고 있다. 차범석 도서관과 함께 이곳 대표 정태관 씨가 만든 것이다.

차범석 길이나 옆의 김우진 길을 다니며 골목의 풍경과 문학에 취해 가슴뭉클해졌다면 이곳 화가의 집 무인카페에 들러 셀프 커피 한 잔 해야 한다. 여행객들에게 잠시동안의 쉼과 차 한 잔의 여유를 돌려주고 푸른 잔디밭 깔린 마당을 내다보며 목포의 문화와 역사 예술을 쪼금은 설파해야 한다. 예전 이만한 마당과 집을 가진 이라서 제법 부자소리 들었을 법한 것은 다름아닌 예전 김대중 대통령을 가정교사로 다니게 했다는 것도 기억해 두면서.

목포를 사랑한 한국예술계의 큰 별

차범석은 이 동네에서 나고 자랐고 그도 김우진처럼 목포공립보통학교(북교초등학교)를 다녔으며, 광주고등보통학교(광주서중)를 졸업하였다. 어릴 때부터 그는 글을 좋아했고 문학에 그의 인생을 걸기 시작했다. 목포공립보통학교 4학년 때 그가 처음 글을 썼다는 기록이 나온다. 교지에 '만추'라는 글을 게재했는데, 선생들의 칭찬이 이어졌고 차범석은 용기를 내어 소설가를 꿈꾸기 시작했다. 차범석은 어릴 때부터 목포 시내 극장을 돌며 영화에 심취하기도 했다. 6학년 때 목포평화관(현 목포 YMCA 맞은편 공원)에서 열린 최승희 무용발표회를 보며 그의 춤과 공연에 매료되었다. 무대의 세계, 객석과 무대를 구분짓는 공간을 사이로 공연자와 관객 사이에 벌어지는 충격과 감동은 그에게 예술가로서의 충동을 일으키기에 충분했다. 광주에서 서중에 다니던 청소년기에도 그는 종류를 가리지 않고 소설을 탐독하며 극장 출입을 예사로 하였다.

광주서중을 졸업하고 고등학교 진학을 위해 일본으로 유학 진출을 시도했다. 선배 김우진도 그랬고, 당시 목포의 유지급 자녀들이라면 대체로 일본 유학가는 게 흐름이었고 일상이었던지라 그도 문학에 대한 열망과 연극에 대한 동경심을 가득 안고 일본으로 진출하려 했다. 그렇지만 연이어 시험에 낙방하고 재기에 도전만 하고 있을 20세쯤, 태평양전쟁이 발발하고 그는 징병을 피해 조국으로 돌아와 모교인 북교초등학교 교사로 일하던 중, 결국 일제에 의해 군에 입대한다. 제주도에서 복무중 3개월 만에 해방이 되자 제대를 하게 되었고, 고향 목포로 돌아와 학교에 복직하였다.

어린 나이에 교편 생활을 하며 지내던 중 그는 현실에 안주할 수 없었고, 문학과 연극에 대한 꿈을 실현하기 위해 서울에 유학하여 연희전문 문과에 입학하였다. 그리고 결혼도 하여 신혼 살림도 꾸리게

이난영&김시스터즈전시관을 겸한 화가의 집,무인카페에 들러 차 한 잔^^
(목포시 차범석길 23번길 3-1)

되었는데, 이번에는 6.25가 터졌다. 그는 아내와 다리가 불편한 동생 차재석을 함께 데리고 고향 목포로 다시 피난을 오게 되었고, 이번엔 목포중학교에서 교사를 하게 되었다. 차범석은 목포에서 초, 중학교 교사를 지냈고, 이후 서울에서도 덕성여고와 서울예술전문대학에 이어 청주대학교에서 교수를 지냈다.

목포중학교 교사를 지내던 1955년 조선일보 신춘문예에 희곡 "밀주"가 당선되었고, 이듬해 초 학교에 사표를 내고 서울로 다시 올라가 본격적인 극작가로서의 인생길에 도전하였다.

차범석은 이후 한국 연극사에 길이남은 명작들을 쏟아냈다. 연극과 뮤지컬 대본은 물론 텔레비전이 보급되고 방송사가 활성화 되면서 안방 드라마까지 가리지 않고 창작에 열정을 쏟았다. 그가 내놓는 열성은 마치 그가 어릴 때 최승희로부터 받은 감동만큼이나 한국의 관객과 시청자들에게 감동과 인생의 아름다움을 선사했다.

철저한 현실에 바탕을 둔 다양한 주제를 통해 현대적 서민심리를 추구하는 작품경향을 보여 유치진, 이해랑의 뒤를 잇는 사실주의 연극의 대표작가로 꼽힌다. 그는 평소 호기심과 의욕과 열정이 넘쳤던 것처럼 작품도 참으로 많이 남겼다. 한국 연극사에 영원히 빛날 걸작 희곡 '산불'은 말할 것도 없고 뮤지컬, 악극, 창극, 무용, 오페라 대본까지 공연 예술 전 장르에 걸쳐 60여편의 방대한 작품을 남겼다. 방송극본까지 합하면 백 수십 편도 더 될 것이다. 무엇보다 장르의 벽을 허물고 고급문화와 대중문화의 경계마저 무너뜨린 것이 가장 돋보이는 부분이라는 평이다.

(김병고, "극작가 차범석").

장르를 가리지 않고 공연 예술의 수십편 극을 써 내고 연극 관련 단체의 일도 도맡고 학교에선 후학을 가르치는 교수 역할도 하는 등 한국 예술의 중요한 역할과 책임에 앞장서며 종래에는 한국예술원 회장을 역임하기도 하였다. 문학, 음악, 미술, 그리고 연극 영화 무용 분야에서 탁월한 업적과 인정을 받은 자만이 들어갈 수 있는 대한민국예술원의 회장을 그가 맡을 때만 해도 목포 출신의 예인들은 소영 박화성, 남농 허건, 수화 김환기, 그리고 차범석 등으로 4사람이나 있을 정도니 목포를 예향의 수도라 하는 거였다. 한국 사실주의 연극의 꽃을 피운 차범석 선생, 유치진에 이어 한국 연극계의 연극사에서

사실주의 연극의 꽃을 피워 냈다는 차범석 선생, 목포를 사랑하고 한국의 문화예술을 일궈냈던 그의 일생은 참으로 멋지고 훌륭한 목포의 예술인이었다.

2006년 82세를 일기로 생을 마쳤을 때 한국예술원장으로 목포시민 장으로 그의 천국행을 배웅했던 건 그만큼 이 나라의 예술계 전반과 목포시가 그에게 받은 사랑과 감동이 많았기 때문이리라.

일등바위와 관운각

5
차
재
석

레트로 감성, 서산동 시화골목길
(목포시 해안로 127번길)

근대 시기를 타며 우리나라 예술과 문학분야에 서 단연 앞장서며 길을 낸 목포의 문화예술. 문 학 분야만 해도 김우진, 박화성의 고장이었고, 전국 최초 문예종합지 호남평론 발행이 이뤄진 곳도 목포였다. 한국 근대 문학을 열었던 남도 의 목포, 그래서 예술의 고장이라고도 하고 문학 1번지라고도 하는 거다.

해방 후에도 목포의 저력과 문력은 기세좋게 치고 올라왔다. 1947 년 목포에서 최초 출판기념회가 열렸다. 박화성의 첫 단편집 "고향 없는 사람들"이다. 1951년 "갈매기"는 전쟁후 발행된 우리나라 최초 의 월간지였으며, 박용철, 이병기, 서정주, 신석초, 김현승 등의 한 국 대표 시인들의 작품집으로 1952년 최초 창간한 "시정신" 역시 목 포에서 발행되었다. 이 무렵 차범석이 문단에 데뷔하며 김우진, 박화성에 이은 목포 이야기꾼의 새로운 시대를 열어 나갔다.

일제 강점기 엄혹한 식민치하에서 목포문학이 싹이 트고 이처럼 해방후 1950년대 들어서며 꽃을 피워내기 시작하였다. 그리고 60년대 70년대를 이으며 목포 문학은 풍성한 열매를 맺는 최전성기를 형성했다.

그 절정의 기초석은 목포문학회였다. 1958년 목포문학회가 창립되며 목포문학계가 비로소 조직적인 활동을 펼치며 만개하기 시작하였다. 초대 회장 차재석의 헌신 덕이며 그의 열심 탓에 목포문학이 번성했음을 누구나 높게 평가한다. 목포 문학의 산파 역할을 했던 선배 조희관과 함께 차재석은 문인들의 후견인 노릇을 감당하며 특히 그가 만든 항도출판사를 통해 작품을 세상에 내는 등으로 목포 문학의 살림을 이끌었다.

앞서 언급한 "시정신" 역시 차재석이 자신의 항도출판사를 통해 연이어 발행하면서 목포가 이 나라의 문향 1번지 임을 제대로 증명해 내었다.

1952년 봄 어느날 영감이 떠오릇이 멋진 시집을 만들어 봐야겠다고 마음먹었습니다. 이를테면 엘리어트와 달리의 시화집이라던가, 장 콕토와 피카소의 시화집처럼 시가 앞서 좋아야겠지마는 시집의 꾸밈새에 있어서도 멋이 잘잘 흐르면서 품위를 잃지 않는 그런 시집, 우리나라에서는 일찍이 없었던 호화판 사화집을 펴보기로 했습니다.

(차재석, "삼학도로 가는 길").

차재석은 이듬해 1960년 목포문학회의 회지 "목포문학"을 창간하는데 이 역시 차재석에 의해 그의 출판사를 통해 발행되었다. 그와 함께 수고한 편집위원들은 백두성, 전승묵, 김우정, 권일송, 정규남 등 당대 쟁쟁한 목포의 문인들이었다.

차재석이 이끄는 목포문학회의 활성화로 1960년대를 전후하여 새로운 세대의 목포 젊은 문인들이 전국을 뒤흔들기 시작하였다. 어머니를 이어 소설가로 데뷔한 천승세, 한국 평론계에 큰 획을 그린 김현에 이어 시인 최하림과 그리고 김지하가 1969년 "황토길", 1970년 "오적"으로 사회에 큰 파장을 일으키며 등장하였다.

당시의 목포 시민, 특히 자라는 젊은 세대들은 누구랄 것 없이 다 문인이고 예술가였다. 학교 교사가 대부분이기도 해서 이들은 밤에는 오거리를 중심으로 문학을 말하고 예술을 통 크게 품어내기도 했지만, 낮에는 대체로 훨씬 더 맑은 정신으로 학교에서 학생들에게 지식을 가르치기도 하고 문학과 삶을 전수했다. 초등학생이건 중고등학생이건 매일 대하는 선생들로부터 듣고 배우며 익힌 게 글이고 그림이요 예술이었다. 너무도 익숙하고 자연스레 문학의 냄새를 맡고 그 향취에 젖어드는 게 목포의 청소년들이었다. 당대의 문학을 예술을 뿜는 선생들로부터 그 마인드와 기술을 자연스레 접하였고, 스펀지처럼 빨아들였다.

필자가 1970년대 청소년기를 보냈던 목포라는 도시의 공간은 문학과 예술의 풍성한 밭이었다. 그 밭에서 함께 놀던 10대의 동무들, 모두 다 신춘문예를 꿈꾸고 밤 새워 원고지를 제끼며 나름 열병을 앓았던 추억은 늘 그립고 감격스럽다. 유달산 언덕에선 시시때때로 백일장이 열렸고, 봄, 가을로 학교마다 시화전이 열렸으며 토요일이면 교회 학생회마다 문학의 밤이 넘쳤다. 목포 문학의 풍성한 화수분과 열매는 목포문인단체가 중심에 있었고 밑거름이 되었기때문이리라 평하며, 그 중요한 역할을 한 이가 목포예총의 터줏 대감이라고도 불리는 차재석 선생이었다. 그는 목포문인협회 뿐만 아니라 목포예 총 지부장을 역임하며 목포 문화예술의 황금기를 이끌었다.

반석위에 지어진 유선각

유달산은 높이 순서에 따라 일등바위, 이등바위, 삼등바위가 있고, 크고 작은 여러 바위들이 수도 없이 많다. 그리고 산자락 등성이 마 다에 정자가 있는데, 산 중턱 쯤에 유선각이 있다. 어느 봉우리 정자 에서 보아도 목포 사방 전경을 잘 감상할 수 있지만, 이 유선각은 단 연 최고다. 목포 앞바다를 떠 다니는 여러 여객선과 어선들, 배들이 굽이굽이 휘돌아 다니도록 바다에 크고 작게 떠 있는 여러 섬들, 멀 리 영산호와 영암의 월출산도 보이고, 유달산과 마주하는 멀리 대박 산, 양을산 사이에 놓여 있는 목포 시가지 전경을 다 내다 볼 수 있 다. 슬픈 전설이 떠도는 삼학도를 또한 내려다 볼 수도 있기에 가히 유달산의 최고 전망대라 할 수 있는 유선각.

옛적에 시를 지으며 풍류를 즐기던 선비들이 모여 지내던 곳에 누각 을 지어 무정 정만조 선생이 유선각(儒仙閣)이라 이름하였다. 1932 년에 건립된 유선각은 원래 목조 건물로 전통적인 우리 건축양식을 갖추고 있었다. 그런데 세월이 흐르면서 태풍 등의 영향으로 파손되

유달산 중턱에 있는 유선각
왼쪽 둥근 돌에 새겨진 차재석 시비 (목포시 온금동 산 3-12)

고 퇴락하게 되자, 1973년 8월 1일 옛 모습대로 개축하여 현재에 이르고 있다. 바위 위에 견고하게 지어진 이 정자를 보면 성경 말씀이 떠오른다.

"지혜로운 사람은 반석위에 집을 짓나니 비가 내리고 창수가 나고 바람이 불어 그 집에 부딪치되 무너지지 아니하나니 이는 주추를 반석위에 놓은 까닭이라(마 7:25)".

누각 머리에 "유선각"이라 걸린 현판 글씨는 해공 신익희 선생이 목
포에 들렀을 때 남겨 놓은 것이고 징자 앞뜰 암반 위에는 차재식 선
생의 시비가 자리를 지키고 있다.

유선각
흰구름이 쉬어가는 곳입니다.
세마리의 학이 고이 잠든 푸른 바다의 속삭임을
새벽별과 함께 기우리고 있읍니다.

차재석誳

이름 옆에 붙인 '誳'은 '굽힐 굴'로 읽힌다. 보통 글을 쓰는 이들이 자
신이 썼다는 의미로 '아무개 씀'이나 '아무개 기(記)', 혹은 '아무개
명(銘)' 등으로 표기할 것인데 다목동은 자신을 낮추어 겸손한 표현
으로 붙였다.

다목동 님을 기리는 돌
다목동 차재석님은 진정한 목포인이요 문화의 쟁기꾼이다 내 고장
의 기름진 예술의 싹을 틔우고 빛내는데 아쉬운 쉬운 일곱 생애를
마쳤다 우리는 길이 그를 사랑한다.

갓바위 문화타운에 있는 목포문학관 앞 뜰에는 차재석을 추모하는
기념비도 있다. 목포에서 교편생활을 하며 풍자적인 시를 썼던 권일
송 시인이 글을 짓고 목포 출생의 서예가 서희환이 글씨를 새겼다.

째보선창, 다순구미 마을

차범석의 두 살 아래 동생인 차재석 선생은 수필가이며 출판인이었다. '다목동'이란 아호를 지니기도 했던 차재석은 "삼학도로 가는 길"과 "악인의 매력" 두 권의 수필집을 남겼다. 사람마다 자신이 사는 고장과 조국에 대해 글을 쓰고 그림도 그리고 이야기도 하듯이 그도 당연히 목포 시민이요 문인으로서 향토에 대한 사랑과 애정을 담아 목포 지역에 관한 글을 제법 남겼다.

목포에는 재미있는 이름들이 많다. 우선 뒷개로부터 다순구미, 대정간 마루터기, 안치작거리, 맡바지, 생여골작, 쌩기장터, 만인계터, 그리고 째보선창 등에 이르기까지 가관이다. 그 이름들의 까닭을 캐보면 모두 그럼직한 게 많다. 그 가운데서도 째보선창은 문자 그대로 선창의 연안부가 직선으로 나가다가 ㄷ자형으로 즉 째보처럼 오목 들어가 있다고 해서 째보선창이다. 그 째보선창에서 올려다 보이는 동네가 있는데 양지바른 동네, 즉 다수운 동네라고 해서 다순구미라는 애칭이 붙은 것이다.

(차재석, "목포의 눈물은 아직도").

바다가 있고 포구가 형성된 지역이라면 아무개 선창이니 무슨무슨 부두니 하는 말들이 곳곳에 있다. 바다를 달려온 배들이 육지에 댈 수 있도록 만든 다리같은 것을 말하는 데 식겁하게 어려운 한자어를 들이대면 '부잔교'라고들 한다.

항구도시 목포도 그런 시설물이 유달산 밑 바다를 따라 여럿 있는

데, '째보선창'은 목포 시민들에게 너무 익숙하고 정감 담긴 공간이었다. 포구에 제방을 쌓아 부두를 만들면서 바닷길을 따라 직선 형태로 하지 않고 약간 안쪽으로 꺽어서 많은 어선들이 안전하게 정박할 수 있도록 만들었기에 째보선창이라 이름하였는데, 목포와 비슷한 개화기 항구 전라북도 '군산'에도 째보선창이 있다. 군산 죽성포의 다른 이름이기도 한데, 이 선창의 특이한 지형에 대해선 채만식은 그의 소설 '탁류'에서 실감나게 묘사하였다.

세월이 많이 흐르고 도시 개발과 변경이 이뤄지다 보니 예전 목포 째보선창의 흔적은 찾기 어려워졌다. 이 선창을 주무대로 고기잡이 배를 이용하여 멀리 바다에 나가 거친 파도와 바람에 맞서 싸우며 고된 노동을 하던 이들이 살던 마을이 다순구미 마을이다. 만선이면 좋고 그렇지 못해도 저녁이 되고 때가 되면 배를 째보선창에 묶어놓고 어부들은 유달산 자락 위 언덕빼기를 오르며 자신의 집을 찾아들었다. '다순'은 '따습다'는 뜻이고, '구미'는 '구석진 곳'을 말한다. 바다가 내려다 보이는 유달산 언덕위 햇살 따수운 산동네이지만, 목포 시내에서 보자면 유달산 자락 뒤에 숨겨지고 어찌보면 뒤쳐진 곳이라 붙여진 이름이다. 한자어 행정명으로 온금동(溫錦洞)이라 붙여진 곳이다.

온금동 산동네 위 중턱 쯤에 있는 '아리랑고개'를 넘어 다시 오른쪽 바닷쪽으로 내려 앉은 동네는 서산동이다. 서산동과 온금동은 둘 다 목포 시내에서 보자면 유달산에 가려진 뒤쪽 후미진(?) 곳이다. 신안이나 진도 완도 등 섬지역 사람들이 도회지의 꿈을 안고 목포로 진출하면서 대부분 이 동네에 자리잡고 어부 일을 하거나 예전 조선

내화 공장에서 벽돌 굽는 노동자 일을 했었다.

서산동 시화마을과 연희네 슈퍼

온금동이나 서산동 마을의 겉 형태는 세계 어느 항구 마을의 그것과
사뭇 비슷하다. 포구에서부터 곧장 올라선 언덕 탓에 평지에 넓게
퍼지지 못하고 미로의 좁은 골목길과 울퉁불퉁한 계단을 타고 빼곡
하게 엉크러져 있는 가옥들로 이뤄진 마을이다. 조금 오르다보면 이
내 숨 차올라 가쁜 호흡을 내뱉으며 잠시 눈을 들이키면 담장 너머
안집 풍경이 고스란히 비쳐지는 게 대부분이다.

서산동 언덕의 골목길을 돌거나 오르 내리면 돌담에 그려진 시와 그
림을 쳐다 보느라 그렇잖아도 숨 가쁘던 터에 발걸음을 멈추고 숨
고르며 시화에 마음을 잠시 빼앗겨 본다.

서산동 동네는 시화골목길로 꾸며졌다. 목포시에서 인문도시 사업
의 하나로 주민과 작가들이 함께 이 마을에 예술 향기 넘치는 동네
로 만든 것이다. 동네 사람들과 목포의 시인들이 서산동을 주제로
시를 쓰고 그림과 삽화를 입혀 담벼락에 조성하였고, 바닷일을 주로
하는 동네 사람에 비춰 그들의 일상을 벽화에 담았다.

오래되고 낡아진 골목과 마을 탓에 말 그대로 후미진 인상이었지
만, 시화골목의 사업으로 동네가 화사해지고 많은 탐방객들이 찾아
들게 되었다. 어쩌면 극한 직업의 앞자리에 선 어부들의 거칠고 투
박한 삶과 함께 일상의 동네와 가정에서 비쳐지는 별 차이없는 보통
사람들의 정감과 소박함을 골목길 오르며 쳐다보는 풍경에서 시나

브로 동화되지 않을까 싶다. 서산동 시화골목은 목포 인문도시사업의 일환으로 2015년부터 시작하여 2년간 주민과 작가가 함께 목포의 대표적인 어촌마을인 서산동 골목길 일대를 예술의 향기를 불어넣은 곳으로 서산동 주민들과 목포에서 활동하는 시인들이 글을 쓰고 골목 담벼락 마다에 이쁜 그림으로 채워 넣었다.

언덕을 따라 오르면 코발트빛 화사한 지붕의 색감을 눈에 안아 보고, 돌아나가는 담벼락마다 걸려있고 입혀져 있는 바다 낚시와 배들의 다양한 벽화를 보노라면 숨도 고를 겸 발걸음이 잠시 멈춰지기

영화 '1987'에서 연희(김태리)의 집이며 가게였던 연희네슈퍼
(목포시 해안로 127번길)

도 한다. 정감있고 화사하게 채색된 서산동 시화마을 골목에 새겨진 시 한 수 한 수 음미하며 마음을 새롭게 하고 영화 "1987"의 한 배경이 되었던 곳을 또 찾아 본다. 1987년 6월 민주화 항쟁을 그린 영화 "1987"은 소위 386세대는 물론 대부분의 기성세대에게는 소중한 역사의 기억과 함께 뜨거운 감동으로 새겨져 있다.

박종철과 이한열 열사의 안타까운 희생과 죽음속에서 이뤄진 이 땅의 민주혁명 1987년의 봄과 여름을 소재로 그린 영화속 주인공 연희는 87학번 신입생이었다. 새내기 여학생 연희 역의 김태리와 삼촌 역의 유해진이 살던 달동네 구멍 가게 '연희네 슈퍼'의 실제 배경 촬영지가 이곳 서산동 입구다. 그 현장에는 촬영 당시 소품을 그대로 재현하여 영화속 배우들이 연기했던 모습을 연상케 한다.

수십 년 전 구멍가게 모습 그대로 예전의 연탄과 과자류와 라디오 등 생활용품 등이 비치된 연희 슈퍼와, 가게 앞을 지키고 있는 옛 포니 택시는 물론 공중전화 부스와 수화기도 있다. 스마트폰 밖에 모르는 어린이들은 좀처럼 수화기를 귀와 입에 대며 떠나려 하지 않는다. 소문이 자자해져서 얼마나 관광객들이 많이 찾는 지 입구의 빼곡한 폐가들을 정리하고 넓게 주차장도 마련하였고, 여기도 원조 바람 불려나, 웬 연희 슈퍼들이 그리 많이 생겼는 지,...

사쿠라마치와 러시아 산

연희네 슈퍼 앞길, 해안로 105번길. 영화 "1987"에서 경찰에 쫓기는 연희가 내달린 곳이다. 영화에서는 연희가 달리는 쪽에 교회 건물

십자가가 보인다. 그러나 실제 그 지역엔 교회가 없다. 주거용 빌라가 있을 뿐이다. 아마도 영화의 극적 효과를 위해 교회를 컴퓨터 처리했을 것이다. 쫓기는 사람에게 구원이 되고 안전피난처를 상징하는 교회를 넣었다.

사쿠라마치, 연희가 달렸던 그 길은 예전 일제시기 목포의 대표적 공창 지대였다. 지금도 허름하나마 옛 2층짜리 목조 건물들이 남아 있다. 개항이후 목포가 항구를 중심으로 경제와 상업이 발달하며 사람들이 몰려들면서 일제는 목포역 근처 죽동 지역에 공창을 만들었다. 그리고 1914년 호남선이 개통되고 목포역사가 만들어지면서 이곳에 유곽을 조성하고 공창 산업을 허가하였다. 지금도 당시의 형태대로 2층짜리 유곽이 몇 채 고스란히 남아 있다.

그리고 이 뒷 동산을 '러시아 산'이라고도 했다. 시화 골목길로 조성되고 있는 곳을 포함하여 불렀던 이름이다. 개항 이후 한반도 남단에 진출하고자 했던 러시아는 이곳에 부지를 얻어 영사관을 짓고자 했고, 석탄 저장고도 설치하여 러시아 군함의 기항지로 만들려고 했다. 1904년 러일전쟁에서 패하자 계획이 수포로 돌아갔고 이후 별다른 일이 벌어지지 않았지만, 당시를 기억하며 목포 사람들은 오래도록 이 곳을 러시아 산이라 불러 왔다.

이 지역을 포함하여 예전 행정지명은 금화동이었다. 옛 남양어망 빈터부터 목포수산업협동조합 공판장을 지나 목포여객터미널까지의 지역이다. 일제시기 일제는 이 동네가 동녘의 아침 해가 밝게 비치는 곳이라서 '아침해 욱(旭)'자를 넣어 '욱산(旭山)'이라 하였고, 동네 이름은 '욱정(旭町)'이라 하였다. 일본인들이 자주 들나들었던 곳이

일제강점기 유곽지대였던 '사쿠라마치'
영화 '1987'에서 연희가 누군가에 쫓기듯 달아나던 골목길이기도 하다.
(목포시 해안로 127번길)

라서 예전엔 벚나무들이 상당히 있었다고 한다. 그래서 해방 이후엔 금화동이라 하였고, 현재는 다시 유달동으로 통합되어 있다.

해방이후 일본 시모노세키 등지에서 쫓겨온 동포들과 6.25 피난민들이 이 지역에 몰려 들었는데, 그들은 러시안 산 언덕의 벚나무를 뽑아내고 정리하며 판자촌을 일구고 지내왔다.

목포에는 이곳 말고도 다른 유곽지대가 또 있었다. '히빠리마치'라

세종21년 1439년 설치된
조선시대 수군 진영,
목포 만호진
(목포시 목포진길 11번길)

고 불리는 만호동 항동시장 일대다. '히빠리(引つ張り)'는 일본어로 '끌어 잡아 당긴다'는 말로 호객 행위를 뜻한다. 해방 이후 사꾸라마치의 여성들이 이곳으로 옮겨 와서 1970년대까지만 해도 이곳 '히빠리골목'은 200m 가까이 성매매 업소들이 길게 늘어서 있었다.

이곳 힛빠리 골목과 항동시장을 끼고 있는 뒷동산은 목포의 오랜 역사에서 매우 중요한 공간이었다.

조선 시대에 설치된 '만호진'이 이곳에 자리하였다. 세종 21년인 1439년 일본의 해적들을 막는 등 군사적 목적으로 설치된 수군 진영이 있었다. 만호진 앞바다 건너 고하도에는 임진왜란 때 이순신 장군이 설치한 수군진이 있기도 하였다. 당시는 서남해 바다로부터 영산강을 오르며 전라도 내륙으로 들어가는 전략 요충지였기에 이곳에 군대를 설치, 방비하는 중요한 곳이었다. 목포시는 2014년 이곳을 정비하여 '목포진공원'으로 새롭게 개장하였다.

목포진 아래에는 오랜 역사를 지닌 기독교 성결교회와 불교 사찰이 있으며, 목포진 바닷가쪽 앞에는 김대중 대통령이 어렸을 때 살았던 옛 집이 보존되어 있다. 그의 어머니는 김대중이 어린 시절 하의도를 떠나 목포로 함께 데리고 와서 이곳에서 여관업을 하였다. 소년 김대중은 이곳에서 청소년기를 보냈다.

목포진과 김대중 어머니가 운영하던 여관 아래 형성되었던 힛빠리 골목의 업소들은 1970년 삼학도로 집단 이주하면서 그 자취는 사라졌다. 물론 그 이후 삼학도 지역도 목포시에서 '삼학도 복원공사'를 진행하며 모든 시설을 철거하였다. 한때나마 어두웠던 목포의 뒷골목 풍경들이 사회의 발달과 의식의 변화로 사라진 것은 다행이나, 이제 이들 퇴락한 지대를 어떻게 보존, 혹은 개발하며 더 밝고 멋진 동네로 재개조할 것인 지는 상당한 지혜와 인내가 필요하다.

비록 언덕위라서 접근성도 부지 마련도 쉽지는 않겠지만, 김대중 대통령 소년기의 생가가 있는 곳이니 일대에 대한 보다 크고 좋은 계획을 꾸려서 조성하면 좋겠다. 삼학도에 그를 기리는 기념관이 있긴 하나 김대중 대통령이 숨쉬는 옛 현장이야말로 훨씬 더 찾는 이들

김대중대통령이 소년 시절 살던 집
(목포 목포진길 11번길)

에게 공감을 줄 것이다. 그의 평화 정신과 삶을 기리고 배울 수 있는 역사현장으로 더 잘 조성될 수 있기를 기대해 본다.

목포는 남쪽에 있습니다. 유달산은 병풍처럼 둘러 있고 바다에는 하늘에 별처럼 온통 섬들이 깔려 있습니다. 이 많은 섬들은 목포를 모선으로 여기는 어선처럼 오고 가고, 여기에는 '사공의 뱃노래'도 있고, '하의도 소작쟁의 사건'도 있었습니다. 비린내가 코를 찌르는 선

창 선술집에서 꿈틀거리는 세발낙지를 송두리째 작신작신 씹는 맛
이라던가 알큰한 홍어 코쪽을 막걸리 안주로 입맛 다시는 거나한 멋
은 정작 바닥쇠가 아니면 그 잔재미를 공감할 수 없습니다.

(차재석, "삼학도로 가는 길").

목포를 참으로 사랑하여 목포 사랑을 글로 쓰는 한편으로 목포의 문
학을 일구는데 열심내었던 차재석은 일평생 목포에서만 살았다. 선
배 동료들이 서울로 진출하며 재능을 일궈 전국적 명성을 얻는 이들
이 많았음에도, 그는 줄곧 목포를 지키며 목포의 문학을 일구고 목
포 후배 문인들의 어머니 역할을 톡톡히 하였다.

그의 이런 열심과 헌신에는 또 하나의 동반자요 귀한 선배인 조희관
선생이 있었다. 어쩌면 차재석보다 먼저 목포 문학의 뿌리를 일궜다
해도 과언은 아니다. 나이도 21살이나 위였으니, 단순한 선배 정도
가 아니라 한 세대 쯤 윗 선생이라 해도 될 것인데, 이들을 목포문학
의 황금 듀엣으로 추억하는 이들이 많다.

삼국지에 보면 유비가 제갈량과 손을 잡고 일국을 이룩한 것처럼,
소청 조희관 선생과 다목동 차재석 선생이 서로 만났기에 더욱 목포
문화에 빛을 남기게 된 것이라 생각한다. 소청 선생이 60 고개를 못
넘겼는데, 다목동 선생도 어쩌면 그렇게 60 고개를 못 넘겼을까?
다목동 선생은 소청 선생이 돌아가시고, 또 가까운 문인들이 멀리
가고 혹은 타향으로 흩어져 갔어도 오직 목포에 남아서 시종일관 목
포 내 고향의 문화 발전을 위해서 이바지해 온 것이다.

애향이 곧 애국이라는 말 그대로 다목동 선생이 오직 애향심을 가지고 후진들의 먼 옛날을 바라보며 평생을 바친 값진 삶의 발길은 영원히 멈추지 않을 것이며 길이 빛날 것이다.

(백두성).

목포문학의 초석을 일군 선배 조희관

조희관은 1905년 영광 출생으로 연희전문과 중국 북경에 유학까지 다녀온 자로 해방이 되어 1946년 목포상업학교에 부임하면서 목포와 인연을 맺기 시작했다. 그가 목포에 내려와 교사로 문인으로 활동하기 시작한 것을 목포 문학계 역사에서는 대단하게 평가해야 한다. 왜냐하면 김우진, 박화성으로 시작하며 목포 문학이 한창 싹이 텄지만, 일제 말기를 지나며 자칫 침체 위기에 빠져 있었던 때가 해방 전후의 목포 문학계였는데, 외지에서 들어온 조희관 선생 덕에 목포 문학은 재생하며 부활의 날개짓을 본격적으로 펼칠 수 있었기 때문이다. 마치 한 알의 밀알이 땅에 떨어져 많은 열매를 거둘 것처럼 그는 지역에서 문학의 꽃을 다시 피우고 목포 예술의 풍요로운 화순분을 일궜다.

1948년 목포에 온 지 3년 차에 항도여중(현 목포여자고등학교)의 교장으로 취임하면서 그의 본격적인 문학 활동과 교육을 통한 후배 양성은 빛을 내기 시작했다. 그는 먼저 학교에서 제자들에게 한글 사랑과 우리말 교육에 힘썼다. 학교 교문의 한자어 교명부터 우리글로 고치고 한자로 된 교훈도 순 우리말로 바꿔 나갔다. 학교 교가는 물론 이웃 학교인 목포유달중학교나 목포해양고등학교(현 대학교) 등의 교가를 지을 때도 한글로 작사하였으니, 그의 남다른 한글 정신은 그가 연희전문에서 스승 최현배 선생으로부터 배운 덕이리라. 그의 이런 남다른 한글 사랑과 국어 순화운동의 열정이 고스란히 제자들과 지역 동료 문인들에게 크게 자리하여 그의 후배들이 만든 그의 추모비에도 이점을 먼저 앞세웠으리라.

소청 조희관 선생 추모비
1905~1958
한글사랑과 국어순화운동을 실천하신 수필가로서 문예지 발간과 출판사 경영을 통하여 목포문학의 텃밭을 가꾸신 선구자이셨으며 옛 항도여중 교장 재임시에는 창의력 계발과 정서함양에 힘쓰시어 학생들의 가슴 속에 꿈과 감동을 심어주신 선생님의 문학정신과 교육열을 기리고자 후배예술인과 제자들의 뜻을 모아 이 추모비를 세운다.

그는 수필가였다. "철없는 사람". "다도해의 달", "새날이 올 때" 등을 내었다. 제목에서부터 한자어는 전혀 없다. 물론 그의 글 속에서도 어디에서나 유려한 순 우리말 한글 문장 만이 돋보인다.
조희관은 박화성과 영광에서의 인연이 깊다. 박화성은 19살 때 영광 사립학교의 교원으로 지내면서 선배 조운 선생과 함께 근무하게 되는데 시인이었던 조운 덕에 문학적 재능을 피어 그의 소개와 영향력으로 한국 문단에 이름 석자를 올리기 시작하였다.

그런데 조운 선생에게 친척되는 이로 알게된 이가 바로 조희관이며 박화성과는 한 살 터울정도이기에 일찍부터 영광에서 서로 알고 지내며 조희관이 목포에 와서 활동하게 되자 두 분은 남다른 문우지간으로 친분이 두터웠다. 조희관이 세상을 먼저 떴을 때, 서울에 있어서 미쳐 문상도 제대로 못했던 박화성이 나중에 목포를 내려와 차재석 선생을 앞세우고 조희관의 묘를 찾아 나선 오지랖은 남다른 두 분의 우애를 엿보게 한다.

목포문학관 오르는 길에 있는
차재석, 조희관 문학비 (목포시 남농로 95)

소청 조희관 선생이 서거하셨을 때에 박화성 선생은 목포에 계시지 않았었다. 소청 선생의 장례가 끝난 얼마 후에 박화성 선생이 귀목했었다. 그리고 소청 선생의 묘소에 몇 사람과 함께 가고 싶다는 전갈이 왔다. 나는 다음날 직장을 조퇴하고 어제 알려준 시간에 맞추어 모인다는 그 장소로 갔다. 가보니 박화성 선생과 (차)재석 씨 뿐이었다. 몇 사람 더 연락을 했는데 모두 못 나오는 모양이었다. 결국 세 사람이 옥암리 산(목포 부주산) 아래까지 차로 가서 내린 다음 높은 묘소까지 걸어 올라갔다. 묘비도 없고 비슷한 묘가 너무 많아서 나는 어느 묘인 지 분간할 수 없었다. 그런데 재석 씨는 앞장서 가더니 정확하게 소청 선생의 묘 앞에서 발을 멈추었다. 이때에 만약 재석 씨와 같이 가지않고 나만 갔더라면 상당히 당황할 뻔 했었다. 박화성 선생은 이윽고 소청 선생 묘 앞에 무릎을 끓고 앉아 깊이 고개를 숙이고 두 손으로 얼굴을 가린 채 한참 동안을 소리없이 울고 있었다.

(백두성, '다재다능한 차재석 선생').

어릴 때부터 교분이 있었던 두 사람, 박화성은 왕성한 집필 활동으로, 조희관은 살림꾼으로 목포문학의 융성을 일구고 살찌웠다. 조희관은 학교에서 제자들에게 문학적 영향력을 끼쳐 다수의 후배들이 일어설 수 있도록 하였으며, 후배 차재석과 함께 항도출판사를 경영하며 문인들의 작품이 세상에 나올 수 있도록 하며 목포 문인들의 사랑방 주인 역할을 톡톡히 해냈다.

목포 문학 살림꾼 쌍두마차

그가 펼친 향토문학의 융성, 그리고 제자들로 영향을 끼친 목포 문예운동의 번창은 아쉽게도 오래가지 못했다. 1958년 불과 50대 중반에 그만 세상을 떠났다. 그가 타계하며 초상을 치르던 중 그를 조문하러 찾아온 수십명의 지역 문화예술가들은 이를 계기로 공감대를 형성하여 목포문화단체를 창립하였다. 남농 허건을 회장으로 다목동 차재석을 간사장으로 하여 목포문화협회를 창립하게 되었고, 이는 훗날 목포예총으로 발전하게 되었으니, 조희관 선생은 목포문화예술계의 소중한 밑알이 되었던 셈이다.

목포를 참으로 사랑하고 목포의 문학과 예술을 이끌며 기름지게 했던 조희관과 차재석 선생. 갓바위 문화예술타운의 목포문학관 앞 뜰에 있는 그들의 기념비 앞에서 그의 삶과 헌신을 기억하며 그처럼 목포를 사랑하며 목포의 문향을 널리 펼치는 데 후배인 필자도 작은 열심을 더하기로 한다.

6
김
현

바다위에 떠 있는 느낌적인 느낌은?
스카이브릿지
(목포시 해양대학로 59)

그가 파리에서 당했을 차별과 배제는 알 만하다. 프랑스 남부 아비뇽 출신으로 대도시 파리에서 겪는 일들은 남도 끝자락 변방에서 나고 자란 놈이 청년시절 서울 올라가 살아가며 겪은 자로서 낯설지 않기 때문이다. 르네 지라르는 자라면서 공간을 달리하여 살아가며 겪는 생경함과 상대적 다름, 그리고 그들로부터 다가오는 편견과 왜곡된 눈초리에 상당한 갈등과 내외적 투쟁을 벌여야 했다.

그리고 거기에 매몰되거나 뒤로 나자빠져 있지 않고 자신이 추구하는 학문과 진리의 영역에서 부단히 씨름하고 열성을 내며 마침내 대단한 문화인류사적 열쇠를 풀었다. 모방 욕망과 희생양 메커니즘으로 인류 문화사의 기원과 역사를 이해하고 해석한다. 천편일률적이고 보편적으로 세워져 있는 이 세상의 신화와 문화에 대해 거의 유

일하고 확실한 대안으로서의 기독교와 성경을 탁월하게 변증한다. 갈등과 폭력의 역사를 잠재우는 진정한 희생양으로서의 예수 십자가와 하나님나라 평화의 승리를 새삼 내세운다.

근대 계몽주의를 탄 자유주의 신학과 구조주의 해체주의를 들먹이며 포스트모던 시대정신을 타고 승승장구하는 것처럼 보였던 지난 세기는 비신화가 아닌 반신화로서의 예수 희생양 구속사를 지적한다. 비교종교학 등으로 별 수 없는 또 하나의 예수관에 빠지며 종교다원주의를 들먹이는 세태에 형식적 유사성을 인정하면서도, 내용상 온전하고도 완전한 인류 구원의 유일성을 제대로 변한다. 아담 이래 인류의 죄를 새삼 지적하며 죽을 수 밖에 없는 인류 스스로의 모순과 폭력의 악순환을 비로소 끊어버린 예수 십자가 사건이야말로 새로운 하나님나라의 평화와 사랑을 이룬 진정한 희생양, 어린양의 승리라 강설한다.

지라르의 희생양 이론이 전통적인 신학적 전제와 도그마에 기초한 대다수 정통교의학자와 남다른 게 의미깊다. 일반 문화인류학의 연구자로서 자기 생각을 모든 현대 인문학과 과학적 탐구와 고민으로부터 욕망과 희생양 메커니즘을 발견하고 그 유일한 해답과 구원을 성경과 복음에서 찾았다.

그의 세기적 변증과 지혜를 소설을 비롯한 문학비평과 문화인류학을 동원하였다는 점에서 더 높은 인정과 설득력을 지닌 것이었다.

변방의 억눌림에서 자유와 해방을

제임스 쿤의 "억눌린 자의 하나님"을 구해 읽다. 나는 전라도 사람으로서의 나 자신에 대해 숙고했다. 때로는 혐오하면서, 때로는 연민을 갖고서, 그러나 대부분의 시간의 도피의 마음으로, 전라도 사람이라는 것 때문에 하숙을 거부당한 것, 사투리 때문에 놀림받은 것, 전라도 사람임에도 불구하고, 80년 이후에도 조용하다는 것 등의 것들이 뭉쳐져 내 가슴에 밀려 들어왔다. 쿤의 책은 내 경험세계의 신학적 의미를 되묻게 만든다. 나는 억눌린 자인가? 아니다. 억눌림에서 벗어나기 위해 완전히 지배 이데올로기에 종속되어 있는가? 그것도 아니다. 쿤의 언명 중 나를 감동시킨 것은 나의 신학적 한계와 내가 흑인들의 사회적 조건들과 밀착돼 있다는 사실이 나로 하여금 복음의 진리를 제대로 볼 수 없게 만들 수도 있다는 것을 나는 인정한다는 선언이다.

(김현, "행복한 책읽기").

지라르의 연구 방법과 성찰을 우리나라에선 가장 먼저 알아보고 수용하며 자신의 삶과 비평 문학연구에 접목한 이가 김현이다. 1970년대 즈음 지라르의 글을 읽고 새롭게 문제의식을 갖게 되며 자신의 문학과 삶에 적실하며 어릴 때부터 가졌던 종교적 의문과 세상 사회의 부조리를 풀어가려 애썼다는 점은 김현의 또다른 진가를 평가할 수 있다.

프랑스에서 그가 남부 변방의 출신으로 겪었을 편견과 질시를 한국에서 전라도 출신의 김현이 서울에서 익히 느끼던 터라 지라르의 이야기와 글은 김현에게 상당한 공감이 되었다. 지역적 출신의 다름 정도가 아니라 김현이 어릴 때부터 엄격한 기독교적 윤리와 사상 속에서 자라며 지녔던 종교적 의문들과 스스로 구원하지 못하는 욕망의 곤혹스러움, 이에 더해 1980년 5월에 일어난 신군부의 가공할 폭력에 대한 고통 등에 대한 선한 대답을 지라르가 내세운 '폭력의 구조와 희생양 이론'에서 찾으려 했던 것은 지극히 자연스런 접목이었으리라.

나는 르네 지라르를 읽고 그것이 종교적인 것과도 붙어 있다는 것을, 아니 차라리 욕망이 종교적 시원의 자리라는 것을 깨닫게 되었다. 욕망은 심리적, 사회적인 것일 뿐 아니라 종교적인 것이다. 욕망은 폭력을 낳고, 폭력은 종교를 낳는다. 그 수태 분만의 과정이 지라르에겐 너무나 자명하고 투명하다. 그 투명성과 자명성이 지라르 이론의 검증 결과를 불안 속에 기다리게 만들지만, 거기에 매력이 있는 것도 사실이다. 나는 그래서 지라르의 이론을 처음부터 자세히 검토해 보기로 작정하였다. 거기에는 더구나 1980년 초의 폭력의 의미를 물어야 한다는 당위성이 밑에 자리잡고 있었다. 폭력은 어디까지 합리화될 수 있는가? 지라르를 통해 던지는 그 질문에게는 또 다른 아픔이 베어 있다.

(김현).

자본주의가 흥왕한 20세기, 일제와 6.25를 지나며 모든 게 바닥이었던 우리나라도 회생과 새로운 도약의 발판을 다지던 60년대를 지나 70년대는 자본주의가 크게 융성하기 시작하던 때였다. 자본주의가 우세한 사회는 부의 창출과 번영이라는 긍정과 함께 돈을 이용한 지나친 경쟁과 사회의 갈등에 따른 탐욕과 폭력이라는 부정의 면도 피할 수 없다. 폭력은 바로 '돈'과 '권력'에 대한 멈출 수 없는 바램과 욕망 때문에 일어난다. 욕망은 폭력을 연이어 생성하며 거기에 또 하나의 종교를 입혀 그 나름의 유토피아를 생산한다.

기독교 가정 환경과 프로테스탄트

얼핏 상반되어 보이는 폭력과 유토피아는 실상 그 기원이 같기도 하다. 그 연결 고리가 종교일 뿐이다. 김현은 종교적 관점에서 폭력의 문제에 초점을 맞추려 한다. 김현의 인생과 문학은 절대적 기독교 가정과 교회라는 환경으로부터 시작되어야 한다.

나의 가정은 대를 이어오는 독실한 프로테스탄트다. 나는 어머니의 뱃속에서부터 교회를 다녔고, 유아 세례와 정식 세례를 다 받았다. 초등학교를 다닐 때 나에게 가장 당혹스러웠던 것은 학생 신상 카아드의 종교란에, 불교라든지 유교라고 쓰는 급우들이 있다는 사실이었다. 아니 세상에 하나님을 믿지 않고 다른 우상을 섬기는 사람이 있다니. 그런 급우를 보는 날이면, 그날 밤에 반드시 모세를 기다리며 광야에서 금송아지를 만드는 독신자들의 무리가 꿈 속에 나타나는 것이었다.

(김현).

김현은 독실한 기독교 집안에서 태어나고 자랐다. 그의 아버지와 어머니는 전라남도 진도와 목포의 기독교회를 이끌고 지도했던 대표적인 교회지도자였다. 어머니 태중에서부터 부모가 부르는 찬송소리, 기도소리, 성경말씀을 익히도 들었으리라. 나서 자라며 말귀를 알아들을 즈음에는 부모는 아들 김현에게 성경이야길 가르치며 믿음이 좋은 신자가 되길 소원했을 것이다.

같은 성경인데도 아버지가 들려줄 때는 공포스럽고 경외심이 들었으며, 어머니가 들려줄 때는 감각적 쾌락을 느낄 정도로 차이도 있었다고 한다. 부모가 들려주는 성경 이야기는 어린 김현에게 정신세계의 영역을 지배하기도 했지만, 그 풍성하고 다양한 이야기는 김현에게 상당한 문학적 호기심과 열정을 일깨우게도 하였다.

어머니, 그리고 목포 바닷가

김현 가족은 그가 7세 되던 1948년 목포로 이사를 오게 되고 김현의 유년기는 비로소 목포에서 시작되며 당대 목포의 풍요로운 문학적 향기에 젖어들게 된다. 훨씬 어릴 때의 진도 역시 바다로 둘러 쌓인 섬이라 낯설진 않겠지만, 좀더 세상에 눈이 뜨고 가슴에 다른 심성이 자리할 만한 유년기의 목포. 유달산 아래 멀리 바다와 섬이 이어지고 배들이 엉기성기 몰려 든 선창의 비릿한 내음과 억센 사람들의 일상은 그에게 새로운 세계를 열어주고 문학적 심성을 키우는 최초의 원본자료였을 것이다.

목포문학관 김현 전시실

선창에 나가 서너 시간씩 바다를 바라보고 앉아 있으면서 어린시절을 보냈다.

지금도 내 어린시절을 회상할 때면 옻나무와 발목까지 빠지던 펄의 감촉이 맨 처음 되살아나오고 가도가도 끝이 없던 여름날의 황톳길의 더위와 모깃불의 매케한 냄새가 나를 가득 채운다.

(김현, "두꺼운 삶과 얇은 삶").

어릴 적 서너시간 씩이나 바다에 나가 모래 펄 깊은 감촉을 즐기며 걸었던 길, 필시 대반동 바닷가였으리라. 지금은 '유달유원지'나 '유달해변'으로 불린다는데, 어릴 적부터 살아온 목포사람은 대반동 백사장이 친숙하다. 그보다 어린 후배인 나도 70년대와 80년대 친구와 함께 즐겨 찾던 곳이고, 지금의 내 아내와 연애할 때마다 찾던 곳이다. 지금은 없어졌지만, 예전엔 해수욕장이 있던 유년기엔 여름날 종종 찾기도 했었고, 청년기엔 봄 가을 오후 늦은 시간이면 1번 버스를 타고 대반동 종점에 내려 거기서부터 아내 손을 잡고 걷고 걸었던 백사장. 지금의 신안비치호텔부터 해양대학교까지 500여 미터 남짓한 모래사장을 걸어다녔다.

해가 제 하루를 다하며 앞섬을 넘어가던 어스름한 시간의 노을은 사랑하는 연인들의 얼굴에 멋지게도 반사되었다. 맞잡은 손에 힘을 살짝 더 주며 조금씩 빠지는 모래사장을 걸으며 무슨 이야길 할라 치면 금새 막다른 길에 도달해 버렸다.

저녁 놀 어스름한 대반동 연인

더 이상 갈 수 없는 막힌 길에 바다로 놓인 작은 부두가 있었고, 거기 끝에까지 가서 아쉬운 발걸음을 다시 되돌리기도 하고, 그곳 끝자락에 바다 위에 떠있던 찻집 '헤밍웨이'에 들러 기어코 커피 한 잔 더 마시는 시간을 늘리곤 했다.

언제가는 유행하던 노래처럼 '창 넓은 찻집'이기도 했고, 명색이 영어영문학을 부전공하면서 교수님은 늘 헤밍웨이만 찾았던 터에 '노인과 바다'는 줄줄줄 외울 정도로 나에겐 익숙했기에 지금 사라져 버린 그곳이 참 아쉽다. 다시 찾은 대반동 바닷가. 그 앞바다에 목포대교가 떠 있다. 목포 북항에서부터 신항이 있는 고하도 섬을 연결하는 4킬로 넘는 긴 사장교다. 광주의 기아자동차에서 갓 나온 수출용 신차를 실은 트레일러들이 늘상 이 대교를 넘어 신항으로 간다. 거기서 큰 배에 다시 실린 차량은 태평양을 건너 멀리 미국으로 시집을 간다.

대반동에선 바다를 건너는 케이블카도 명풍경이다. 북항에서부터 출발하여 유달산 정상을 찍고 목포 바다 위를 건너 목포 맞은 편 고하도에 이른다. 목포 앞 바다에 마주하는 고하도는 임란때 이순신 장군의 수군이 진을 쳤고, 재무장하였던 곳이라서 이순신의 유적이 남아 있고, 일제시기 면화 재배 시험장으로 성공하여 목포의 면화산업의 토양이 일궈졌던 곳이기도 하다.

이곳 섬까지 3킬로가 넘는 국내 최장거리를 오가는 케이블카. 바다 구간은 820미터이고 상당부분은 유달산을 오르 내리는 코스라서 기암괴석이 어우러진 산의 풍치를 볼 수 있기도 해서 유달산케이블카

목포 연인들의 테이트 코스, 대반동 바닷가
(목포시 해양대학로 77)

라 불러도 이의없다. 목포의 구 시가지와 함께 목포의 바닷가 항구를, 특히 저녁 노을 무렵에 달렸다면 멀리 바다 위 점점이 떠 있는 다도해 너머 빠알갛게 마지막 사력을 다하는 둥근 햇살의 무게가 관광객의 가슴을 뜨겁게 덮힐 수도 있다.

대반동에서 황혼 무렵 마주하는 목포대교와 케이블카의 풍광에 잠시 마음을 뺏겼어도 그것은 멀리 있는 그림의 떡일 뿐이라면, 직접 바다위를 걸으며 온몸 체험하는 작은 다리에 올라서보는 스카이 워크에 아쉬운 마음 달래야 한다.

스카이 워크(Sky Walk). 바다 위를 걷는 스릴을 느끼게 하는 곳, 바다 수심에서 15미터 상공에 해안가에서 바다 쪽으로 54미터 길이의 다리가 떠 있다. 고소공포증이 있는 이라면 삼가야 한다. 필자만큼 둔하기 그지 없는 이라면 그저 그러려니 하겠지만, 어떤 사람들에겐 처음의 기대와 흥미가 이내 너무도 아찔하기 때문이다.

일본 여성의 사랑과 헌신, 공생원

대반동에 오셨으면 시간을 더 내어 반드시 공생원에 들르길 권한다. 신안비치호텔 뒤에 자리한 함께 더불어 사는 곳이라는 공생원(共生園). 일제강점기, 어려웠던 시절에 더하여 부모없는 고아들에겐 하루하루가 더더욱 가혹했으리라. 목포의 고아, 거지들을 모아 함께 더불어 살자고 1928년 윤치호가 시작한 일이다. 당시 19살 윤치호 역시 미성년일 뿐만 아니라 그 자신이 예전부터 고아였다.

파평 윤씨 집안 출신이지만, 12살 무렵 아버지가 세상을 하직하셨

조선 남자와 일본제국주의 여자가 이룬 목포의 사랑 이야기, 공생원
(목포시 해양대학로 28)

다. 한창 아버지 후광을 덧입어 세상을 향한 꿈을 키우고 힘있게 자라야 할 어린 소년에게 부친의 공백은 참 슬프고 힘겨웠다. 그렇다고 세상사가 마냥 불행하고 나쁘기만 하려나. 천사란 있는 것일지도 모른다.

목포에서 영산강 지류를 타고 이곳 함평의 옥동이라는 마을에까지 저 세상 구원과 복음을 들고 찾아온 선교사가 있었다. 줄리아 마틴. 함평과 무안 지역을 순회 선교지역으로 책임맡아 부지런히 농어촌 지역을 돌아 다니며 복음 전도하던 마틴(마율리) 선교사는 이곳 옥동에서도 청소년들을 모아 서양 노래와 찬송가를 가르치기도 하고 성경 이야기도 해 주며 전도하였는데, 그때 만난 아이가 어린 고아 윤치호였다.

당시 50대 중반의 독신이었던 마율리 선교사는 10대 고아 윤치호를 자신의 양자로 삼아 돌보며 후견인이 되었다. 마율리의 도움에 힘입어 윤치호는 이후 공부할 기회도 얻게 되고 목포양동교회 전도사가 되었으며, 목포의 걸인과 고아들을 대하다 보니 시작한 게 목포와 전남의 최초 복지시설 공생원이 되었다.

그리고 공생원에 점차 아이들이 몰려들어 식구가 늘어가며 지낼 때, 지역사회내 여러 사람들이 찾아와 봉사하며 돕는 이들도 있었고, 그 중에는 한 일본인 처녀 선생도 있었다. 아이들에게 풍금을 치며 노래를 가르쳐 줄 뿐만 아니라 아이들의 코를 닦아 주고 세수시켜 주고 밥도 챙겨 주며 누나, 엄마 노릇을 마다하지 않았던 '다우치 치즈꼬'는 윤치호에게 마율리에 이은 또 하나의 하늘이 보내준 천사였다. 거지대장 윤치호와 일본인 여성 치즈꼬는 1938년 결혼하였다. 치즈꼬는 남편을 따라 그때부터 일본이 아니라 조선사람이 되었다. 기모노 대신 한복을 입고 이름도 한국식으로 '윤학자'라 개명했다. 아이들을 사랑으로 돌보며 함께 더불어 사는 공동체를 믿음과 사랑으로 근근히 이어가던 이들에게 1950년 6.25는 너무도 불행한 전쟁이 되었다. 아이들 식량 문제를 해결하기 위해 광주에 출장 간 윤치호가 갑자기 행방불명이 되었고, 지금껏 그의 종적은 의문으로 남아 있다.

생사를 확인할 방도가 없고 남편에 대한 그리움과 기다림은 얼마나 혹독하고 몸과 마음을 지치게 했으랴. 그 고통과 쓰린 상처는 세상 어느 것으로도 말하지 못하고 대신할 수 없으리라. 윤학자 여사는 한편으로 너무도 힘겹고 모진 시간이었어도 그녀가 이 땅을 떠날 때까지 남겨진 아이들을 위해 참으로 수고와 헌신을 다하였다.

1968년 폐암으로 사망한 그녀의 죽음을 안타까워하며 목포 시민들은 11월 2일 목포 최초의 시민장으로 그녀를 저 세상으로 배웅하였다. 목포 사람으로 목포의 어머니였던 일본인 여성 윤학자의 고귀한 사랑과 공동체가 살아 숨쉬는 공생원에 들러 그녀와 남편 윤치호의 귀한 삶을 돌아보는 이에게 인생의 소중함과 남다른 가치를 다시 새겨줄 수 있으리라.

아버지 김요환과 중앙교회

김현의 심성과 문학세계의 한 원형이었던 어머니와 목포의 바닷가에는 이처럼 많은 추억과 아름다운 풍경들이 지금도 아름답게 자리

일본 불교 '동본원사' 건물,
해방후 중앙교회가 인수하여 예배당으로 사용하였고,
김현 선생이 어릴 적 다닌 곳이다.
(목포시 영산로 75번길 5)

하고 있다. 어디 어머니 뿐이랴 아버지 또한 그의 어릴 적 정신세계를 지배하며 심성을 키운 큰 동력이었다. 그의 아버지 김요환은 일찍이 의료 선교사들의 영향으로 약업에 눈을 뜨고 '구세약방'을 차리며 사업을 벌였다. 현 목포 트윈타워 근처 공설시장에 있던 '백제약국'과 함께 두 목포의 약국은 호남과 충청 일대에까지 영역을 넓히며 양약 도매업을 했었다.

한 여름날 저녁 무렵에 나는 문득 김현의 집에 도착했다. 부두 가까이에 있는, 그의 형님이 운영하는 큰 약국이었다. 그와 나는 인연이 안 맞았는지 바로 그날로 사단이 났다. 김현, 최하림과 술을 엉망으로 마신 끝에 약국집 이층 그의 방에 올라간 나는 열린 창문을 통해 그 집 마당에다 길고 긴 오줌을 정신없이 내갈겼다. 마침 마당을 지나 안으로 들어가던 그의 형 머리 위에 그 해맑고 보배로운 물줄기가 냅다 쏟아진 것이다.

그 이튿날 아침 나는 쫓겨나서 목포시 변두리 달동네인 연동에 있는 작은고모네 집으로 거처를 옮겼다. 옮긴 뒤에도 시내에서 김현과 최하림 시인을 매일 낮에 만나 큰 중국집 상해식당에서 그가 사는 자장면을, 저녁에는 역시 그가 사는 소주를 얻어 마시며 문학을 논하고 철학을 이야기하며 전라도와 바다가 가지는 문학적 상상력의 관계를 파고들기도 했다.

(김지하, "흰 그늘의 길 1").

아버지의 사업 성공으로 김현 가족은 상당히 유복했으며, 신앙심이 두터웠던 김요환은 목포중앙교회의 장로를 지내며 교회와 여러 봉사활동에도 남다른 충성을 다 하였다. 목포 중앙교회는 1923년 설립되었다. 양동교회 성도들과 선교사 줄리아 마틴이 남교동에 개척하였다. 1935년 죽동에 석조 40평 예배당을 건립하여 부흥 성장하던 중 1957년 오거리에 있는 구 동본원사를 예배당으로 매입하여 이전하였다. 2007년 남악 신도시 지역으로 다시 옮기기 전까지 50년간 이곳에서 교회의 사명에 충성했다.

중앙교회가 예배당으로 사용한 곳은 원래 일본의 불교 사찰이었다. 일본 본토의 동본원사가 조선에 세운 여러 별원 가운데 목포에도 포교를 목적으로 세운 절이 목포 옛 동본원사였다. 건물은 1920년대에 지어졌는데, 장방형의 단층건물로 지었다. 지붕은 일본식 기와를 사용한 팔각 지붕이며, 앞쪽 돌출된 출입구 부분은 단을 낮게 처리한 원형의 지붕을 설치하였다. 벽면은 고급 화강석으로 축조하였다. 식민지 시기 일제가 직접 자신들이 사용하기 위해 지은 건물인 목포 근대역사 1관(목포부청), 2관(동양척식회사), 일본인교회와 동본원사 건물 등의 벽면은 한결같이 고급 석재를 외국에서 들여와 지었다. 현재도 목포의 구도심 지역에 보존되어 있기에 조선인들이 축조하여 사용한 건물들, 예로 목포 양동교회나 북교동교회, 정명학교 사택 등의 일반 석재와는 확연한 차이를 느낄 수 있다.

구 동본원사 건물에서 예배하던 중앙교회는 특별히 70년대와 80년대 목포에서 민주화 운동의 산실이었다. 특히 1980년 5월, 민주화항쟁 기간에는 이곳 중앙교회에서 목포의 민주시민투쟁위원회 회의가 자주 열렸다. 민주항쟁의 마당이 목포역이었다면 역에서 가까운 이곳 중앙교회는 베이스캠프나 마찬가지였다. 운동가들과 민주항쟁위원회 지도부가 자주 모여 의논을 하고, 목포시민 결의문을 만들기도 했다. 중앙교회 역대 담임목사를 비롯한 기성 신자들과 함께 중앙교회 기독청년들 다수가 직접 이 일에 참여했기 때문이었을 것이다.

기독교 신앙과 복음으로 어느 편은 개인 구원과 윤리 운동에 치중할 때, 또 다른 편에선 사회 구원과 정의 평화 운동에 집중하는 우리 기독교계 현대사에서 중앙교회는 후자 편에 속했다. 신앙 이해가 남달랐고 보다 사회현실에 충실하려는 교회 지도자들 밑에서 김현도 청소년기 시절 예사롭지 않은 영향과 삶의 도전을 받게 되었다. 이국선 목사나 그의 외삼촌 정경옥 목사는 김현의 세상에 대한 이해와 독서력, 그리고 인생의 중요한 좌표를 형성하는 또 하나의 원동력이었다.

만지지 마라. 흰 종이는 만질수록 까맣게 된다. 죄를 짓지 마라.

(김현).

타불라 라사를 설명하던 그의 목소리를 아직까지 간직하고 있다. 나라와 그 의를 먼저 구하라는 외침보다도 나에게는 그 타블라 라사가 훨씬 더 무서웠다.

(김현).

감수성이 한창 예민할 무렵인 10대 소년 시절, 김현은 이국선 목사가 들려주는 설교와 가르침에서 강렬한 인상을 갖았는데, 그것은 대

195

부분 공포와 불안감이었다. 하나님같이 되어 보려는 인간들의 욕망, 그것이 바로 원죄이며 그 원죄 의식에서 사로잡힌 신의 징벌에 대한 두려움 속에서 이 목사가 전해주는 신자로서의 선택은 자기 들보를 바라보는 자아 성찰과 청교도적 윤리였다. 인간의 끊임없는 욕망에서 비롯하여 일어나는 세상의 폭력과 억압에 주의하여 그 욕망의 뿌리를 캐내고 해명하려는 천착이 김현 글쓰기의 한 사명이었다. 김현은 이국선 목사의 영향으로 인해 자신도 신학교에 진학하고 목회자가 되길 소원했으나, 오히려 이 목사는 그에게 다른 길을 강권하였다. 평론가요 문학인의 일생이 이 목사를 통해 길 짓게 된 셈이다.

넌 신학보다는 다른 길을 가라!

이국선 목사와 함께 김현의 문학과 삶에 영향을 준 이로는 삼촌 정경옥이었다. 전라남도 출신으로는 신안의 서남동과 함께 진도의 정경옥이 우리나라 기독교계에선 진보신학의 거목으로 역할하였다. 1903년 진도 출생한 정경옥은 섬까지 찾아온 미국 선교사들의 영향으로 어려서부터 기독교를 접하고 비교적 부유한 가정 탓에 일본까지 유학할 수 있었다. 도쿄의 아오야마학원에서 영문학을 공부했다. 우리에겐 청산학원으로 더 알려진 미국 선교사들이 세운 기독교 대학이기에 기독교적 영향을 더 받아 들였으며, 결국 미국에까지 건너가서 신학을 공부하였다. 일제강점기 우리나라 1세대 유학파 신학자들로 박형룡과 박윤선 선생은 보수적 개혁주의 신앙으로 학파와 교단을 형성하였다면, 정경옥은 진보적 자유주의 신학으로 감리교단의 신학과 교단에 영향을 끼쳤다. 자라면서 접하게 된 정경옥의 성경 해석과 신학은 조카 김현에게 책읽기에 대한 사상의 지평을 한층 넓게 해 주었다. 그의 행복한 책읽기는 정경옥이라는 외삼촌에 대한 개인적 관계가 있다. 청소년기 직접 대하며 가르침을 받은 이국선 목사와 함께 어린 날의 두 어른이 김현의 글쓰기 노동에 절대적인 빛이 되었음에 틀림없다.

김현은 고등학교 시절부터 고향 목포를 떠나 서울로 유학하였다. 경복고등학교 졸업, 서울대학교 불문과 학부와 석사 졸업, 그리고 프랑스로 건너가 수학하였다. 모교 강단에서 1971년부터 세상을 하직하던 1990년까지 불문학자요 교수로 지냈다. 문학 활동은 어릴 때부터 줄곧 습작 활동에 열심내 오던 터에 1962년 서울대학교 재학 중, "자유문학"에 "나르시스의 시론"이라는 평론이 당선되어 본격화하였다. 또 이 당시 김승옥, 최하림 등 동향 출신들끼리 만들어 낸 "산문시대"는 본격적 동인지 시대를 여는 계기를 열었으며, 이것은 문학과지성의 발간에 영향을 끼치게 되었다.

"산문시대" 1호에 실릴 원고들이 모아졌다. 김현의 소설 두 편, 최하림의 소설 한 편과 희곡 한 편, 내 소설 두 편이었다. 김현의 소설 "잃어버린 처용의 노래"는 마치 자동 기술에 의한 듯, 현재형의 단문이 숨가쁘게 헐떡이는 문체의 좀 파격적인 작품이었다. 스토리를 통해서 일정한 주제를 제시하려 하지 않고 의식이 포착한 것만을 집요하게 묘사함으로써 조리있는 스토리일 수 없는 생의 내면을 보여

주려는 듯한 작품이었다. 그 이후의 "산문시대"에서도, 그리고 오늘날에도 문학 평론 등의 에세이만 쓰는 김현이 만일 앞으로도 소설이란 것을 쓰지 않는다면 이 두편의 소설이 처음이고 마지막이 될 것이다. 그 자신은 그 두 작품에 대하여 그 후 매우 부끄러워 하였으나 가령 그가 부끄러워해도 좋을 만큼 그 두 작품이 졸렬한 것이었다해도 그가 써 온 우수한 문학 평론들보다는 훨씬 더 그의 살아 있는 뜨거운 숨결을 느끼게 해주는 작품들이었다.

(김승옥, "산문시대 시절의 김현").

1970년 계간 문예지 "문학과 지성"을 창간하였는데, 창립멤버 김치수, 김병익, 김주연과 함께 소위 4K로 불리웠다. 그보다 먼저 태어난 "창작과 비평"과 함께 한국 문학계에 보다 업그레이드된 문예지로서 양대 산맥을 형성하였다. 두 문예지는 1980년 여름 신군부에 의하여 강제 폐간되었으며, 이후 각기 복간되었는데 문학과지성은 1988년 "문학과 사회"로 제호를 바꾸어 복간, 2021년 가을 현재 135호를 내고 있다.

평론가 김현은 프랑스 문학을 전공한 연구자로서 사르트르, 알베르 카뮈 등 프랑스 실존주의 경향 뿐만 아니라, 한국문학의 연구와 비평에도 깊이 펜을 담가 김수영 평론 등 우리의 문학과 연구 비평에 깊이 펜을 담갔던 우리시대의 뛰어난 학자요 문학평론가로 평가받는다.

목포문학의 새로운 융성, 김현을 디딤돌로

그가 생전에 서울대 국문과 교수로서 당대의 쌍벽을 이루던 평론가 김윤식 선생과 함께 쓴 공저 "한국문학사"는 우리 문학의 바이블이다. 지금도 국내대학의 국어국문학과에서는 가장 앞서 보는 전공 책

일텐데, 그게 어찌 전공자만의 몫이겠는가. 이 땅의 지성과 문학을 사랑하는 이라면 누구에게나 필독서임이여!

4.19 한글세대의 선두 주자로, 왕성한 독서력으로 '세상을 다 읽고 간 사람'이라는 평을 받기도 하고, 황지우 시인의 평처럼 "1세기에 한 명 나올까 말까 한 비평가"라는 찬사에 걸맞게 김현은 한국 비평과 문학사에 굵직한 획을 그었다.

목포문학관 김현 전시실

48세, 짧은 나이에 무려 50여권에 이르는 연구서와 비평집을 내었고, 그의 사후에 발간된 산문집 "행복한 책 읽기"는 일반인들에게도 큰 호응을 받았던 글이다. 그의 모든 저서는 16권으로 된 "김현문학전집"으로 문학과지성사에서 간행되었다.

갓바위 목포문학관에는 김현 전시실이 있다. 박화성, 김우진, 차범석과 함께 나란히 4인 복합문학관으로 구성되어 있고, 앞 뜰에는 문

목포문학관 앞뜰에 있는 김현 문학비

학비가 별도로 세워져 있어 목포의 역대급 문학인으로서의 그의 존재와 위상을 엿보게 한다.

김현(1942~1990)

한글로 교육받고 사유한 첫 세대로서

우리말의 아름다움을 일구고 4.19의 체험으로 자유의 진정한 뜻을 찾아낸 그는, 문학평론가, 불문학자, 서울대 교수로서 뛰어난 업적을 남겼다. 그는 살아 움직이는 상상력, 자유로운 사유, 섬세한 글쓰기로 우리의 문학과 지성에 새로운 지평을 열었고, 고통스러운 현실 속에서 행복에의 꿈을 좇는 참된 삶의 길을 보여 주었다.

이에 그가 평생 정신의 고향으로 살아온 이 고장에 삼가 비를 세워 그를 기린다.

문학과지성사에서 16권으로 펴낸 김현 전집

김현에 대한 목포 시민의 존경과 마음이 모아져 특별히 2021년에 열리는 목포문학상 제도는 대폭 넓혀졌다. 장편소설 부문만 상금이 물경 1억원이다. 문학과지성사와 함께 벌인 일로 당선작은 문학과지성사에서 책으로 내기까지 한다. 아마도 나중엔 "김현문학상"으로 확장 발전되지 않을까 기대된다. 김현의 후광이 미쳐 문학과지성사가 목포문학계가 벌이는 귀하고 멋진 사업이 목포문학의 융성으로 새롭게 솟아나길 기원해 본다.

큰 거북이 한 마리
이 진득진득한 진흙밭에
놀다 갔구나
몸뚱어리는 덧없어도
육체성은 耐久的이다는 걸
알려주는 그대 肉體文字
무릇 文體란 몸으로 꼬리치는 것,
그렇게 뻘밭에 잠시 놀다가
먼 바다 소리 먼저 듣고
큰 거북이 서둘러 간 뒤
투구게들, 어, 여기도
바다네, 그대 몸 나간 진흙 文體에
고인 물을 건너지도
떠나지도 못하고 있네
舊盤浦 商街 맥주집 문을 열고 나와

잠수교 밑으로 내려가면, 거기,

바다, 바다가 있지, 그렇지만

아, 게의 近親 앞에 바다는 있지만

바다가 보이지 않네

뵈지 않는 것은 보이지 않는 것이고

없는 것은 없는 것이므로

바다로 간 큰 거북이여

불사보다는 생이 낫지 않은가

(황지우, "비로소 바다로 간 거북이").

7
천
승
세

목포 선창

천승세는 소설가이자 극작가다. 그의 등단 경력은 화려하다. 1958년 동아일보 신춘문예에 소설 "점례와 소", 1964년 경향신문 신춘문예에 희곡 "물꼬", 같은 해 국립극장 현상문예에 희곡 "만선"이 각각 당선되었다.

1957년 12월 초, 시골에서 서울로 올라와 어머니와 함께 살 무렵 천승세는 빈둥빈둥거리며 할 일없이 지내던 시절이었다. 어머니가 강릉의 친척집에 가느라 집을 며칠 비웠다. 어머니도 없고 별 달리 일없이 무료하던 그가 갑자기 생색을 냈다. '니기미, 소설이나 한 번 써봐?' 신춘문예 마감이 코앞이었다. 그는 원고지를 꺼내들고 갑자기 열을 내었다.

목포에 살 때 박 아무개라는 여자와 밤중에 논바닥에서 질펀한 사랑을 나누다 분뇨 구덩이에 빠져버렸던 사건을 소재로 삼기로 했다.

남자를 도살장의 백정으로, 그리고 여자를 점례로 비틀어서 그럴듯하게 원고지를 메꾸어 나갔다. 여태 제대로 된 습작 한 번 안 해본 상태에서 별달리 추고도 없이 불과 8시간만에 단편 하나를 만들었다. "점례와 소"라고 제목을 붙여 신문사에 보냈는데, 처음으로 당선의 영예를 안았다.

희곡 "물꼬"는 삶의 애환을 희극적으로 그렸다. 토속적이고 향토성 짙은 소재와 사건 전개, 방언과 비속어로 거침없이 구사된 작품이기에 더더욱 관심을 끌었다. 5월이면 농촌에서 겪는 가장 심각한 재해는 '가뭄'이다. 특별히 농사를 지을려면 상당한 물이 필요하고 그것은 하늘에서 내려주는 '비'에 절대적으로 의존할 수 밖에 없다. 비가 오지 않고 가뭄이 오래되면, 농촌 사람들은 애로사항이 심각해지고 거의 목숨과도 같이 여겨지기에 주변사람들과 갈등을 일으키고 폭력적 투쟁까지 마다하지 않는 지경에 이른다. 물싸움은 농민의 일상이다. 제목처럼 '물꼬'는 농민에게 생명과 직결되는 통로다. 농민의 생존문제에 달린 가뭄과 물꼬를 극복하는 내용으로 주인공들의 결혼식을 적절히 배열했다. 갈등하던 당사자들의 문제가 혼인을 통해 '물꼬'가 터지고 풍년을 약속하는 내용이다.

희곡 "만선"은 3막 6장으로 되어 있다. 바다를 운명으로 알고 만선의 꿈을 평생 담고 사는 어부의 삶을 다뤘다. 주인공 곰치는 인간의 삶에 대한 강인한 집념과 끈질긴 도전 의지를 갖췄다. 그의 억센 사투리에 곁들인 절묘한 대사가 주인공의 우직한 성격과 잘 결합되어 짙은 향토성을 보여 주며, 한국적 비극성을 사실적으로 드러낸 작품으로 받는다. 이 작품은 시나리오로 변색되어 1967년 김수용 감독에 의해 영화화 되었다. 신영균, 박노식, 허장강, 남정임 등 당대 쟁쟁한 배우들이 출연하였다.

토속적 연주로 휴머니즘을 빚다

천승세 소설은 산업화 현대화 과정에서 빚어진 우리 사회의 어둡고 비정한 면면들을 휴머니즘에 바탕하여 문학적으로 승화했다는 점에서 높이 평가 받는다. 이농과 도시화로 빠져 나가고 해체되어 가는 전통적 가족과 농어촌 공동체의 몰락을 드러내는 한편, 성장과 발달의 수혜에서 뒤처지고 밀려나 있는 대도시 변두리 인생들의 모습을 그린다. 그래서 그의 작품의 공간적 배경은 크게 두 가지로 대변된다.

하나는 우리의 전통적 농어촌이고, 다른 하나는 새롭게 부상하고 확장하는 대도시, 그중에서도 중심부에 끼지 못하고 주변부를 배회하는 도시의 하류 인생들이다. 근현대 산업화 도시화 과정에서 농어촌은 상대적으로 배제되어 있고 수혜에서 멀어졌다. 또 도시에 있더라도 중심부가 아닌 변두리에 있다면 철저히 소외되고 오히려 산업사회의 모순을 그대로 떠 않았다. 사회가 급속도로 발전하고 팽창할수록 상대적 불평등과 격차는 더 커졌다. 천승세는 이들 소외 계층의 현실과 그 사회의 가려진 모순을 소설이라는 문학 장치를 통해 매우 현실감있게 철저하게 드러낸다. 농어촌 현실은 "낙월도", "불", "운주 동자상", 그리고 희곡 작품의 "만선" 등에서, 도시 주변부의 피폐는 "황구의 비명". "포대령", "삭풍" 등에 잘 드러나 있다.

포화된 도시 속에 숨가쁘게 살아가는 현대인들에게 농어촌의 전원과 고향은 늘 이상향이다. 특히 50대 이상들이 주로 관심있게 보는 TV 프로의 최근 경향은 이를 반증한다. 경쟁과 속도 아래 과하도록 살아온 중노년들. 열심히 살아서 성공하겠다고, 가난을 면하고 더 잘 살아보겠다고 달려왔는데 그느라 건강은 나빠지고 그다지 행복하지 않다. 이제라도 삶의 의미를 찾고 진정 기쁘고 행복한 자신만의 삶을 찾는 꿈을 갖는다. 실제 도시를 떠나 산골의 허름한 곳에서 혼자 살아가는 인생들의 다큐가 각광이고, 연예인들 내세워 잠시라도 전원에서 자기 하고 싶은 것 하며 자신 만의 행복을 찾는 프로들이 인기다.

대중들이 현실에서는 도전 할 용기도 못내고 마지못해 살아가면서 그 욕구를 대신하는 것으로 조금이나마 위안을 받는다. 어릴 때 떠나온 고향 산천의 투박함과 개구쟁이 친구들과 함께 뛰놀던 산천을 기대하는데, 천승세가 그리는 농어촌의 현실은 그것과는 너무도 멀다. 향긋한 보리밭 냄새 속에 사람 살기에 좋은 공간으로서의 시골이 아니다. 전통적 토속과 우리의 옛 정취는 이제 사라진 지 오래고 쓰러져 가는 빈 집의 황량하고 쓸쓸함이 가득하다. 학교도 사라지고 마을도 사라진다.

"낙월도"는 다도해의 고장 전라남도의 어느 섬을 배경으로 한다. 석양의 아름다운 이미지 보다는 웬지 모든 게 후퇴하고 퇴보하는 인상을 주는 제목 '낙월(落月)'. 가난한 민중의 비극적 삶을 낙월도 여인네들의 기구한 현실에서 엿보게 하는 천승세의 소설, "낙월도"다. 소수의 경제적 권력자들이 아버지를 잃고 남편을 잃은 채 궁핍과 기근에 허덕이는 섬 여인네들을 수탈하고 착취하는 비참한 섬마을의 실상을 그리고 있다. 더하여 돈과 권력을 쥔 남성네들의 폭력적 욕망에 힘없고 가난한 여성들은 희생당하고 처참한 운명속에 살아갈 뿐이다.

"불"은 애초에 "보리밭"이라는 제목으로 발표된 것인데, 삶의 터전인 보리밭을 지키지 못하는 농사꾼의 비참한 상황과 그 분노, 원한을 담고 있고, "운주 동자상"은 병든 아이를 항아리에 가두어 죽이는 바람에 원한을 쌓게 되고 실성하여 만신이 되었지만, 얌생이 최가 놈에게 능욕을 당하고 죽임을 당한 여인 '운주 댁'의 비극을 그리고 있다. 작품의 무대 공간은 지극히 한국의 전형과 토속적 아름다움을 배치하고 있지만, 그곳에서 살아가는 근현대 시기 농어민들의 삶과 현실은 너무도 비극적이고 파멸적이다. 시대적 상황만 좀 다를 뿐, 천승세보다 좀 더 이른 일제 강점기 시기 김유정의 농촌 소설에 비교할 수 있을 듯하다.

천승세의 바다, '목포 선창'

만선과 낙월도처럼 그의 작품에는 바다나 고기잡는 배들이 종종 등장한다. 그가 어릴 적 바닷가 목포에서 자랐고 목포 선창을 드나드는 어선들의 풍경이 늘 익숙해서일 것이다.

(이때 어부A 숨이 차서 들어온다.)
어부A   곰치! 크, 큰일 났네!

곰치	아니, 뭇이 큰일 나?
어부	배가 떴어!
두 사람	(영문을 몰라) 배가 떠?
어부A	자네 안 사람이 우실이네 배를 띄웠단 마시!
곰치	뭇이라고?
어부A	벌써 한가운데만큼이나 떠밀리고 있을 것이여!
곰치	(말문이 막혀 혼을 빼고 서 있다)
성삼	이것이 또 믄 소리여?
어부A	돛까지 올려 띄웠으니 잡을 수도 없고,
	그나저나 바람이 웬만해서 잡을 엄두라도 내제?
	또 으디로 떠밀리지 알기나 해서?
곰치	아니, 믄 일로? 응?

(천승세, "만선").

어느 것 하나 쉽고 편안한 직장이란 달리 없고 다들 힘겹고 고달프고 어떤 것들은 극한을 달리는 일에 종사하는 이도 있다. 가장 위험하고 버거운 일 가운데 하나라면 어부의 인생일 것이다. 바다와 싸워야 하고 풍랑과 싸워야 하는 어부의 일생은 막장의 광부 인생과 다를 바 없는 고된 삶이다. 바다가 있고 선창이 있는 도시는 으레 어업이 발달하고 거기에 종사하는 이들이 많다. 바다를 오가는 수많은 배들을 보는 것은 늘상 있는 일이다. 청소년기 목포 선창을 거닐때면 어선들이 분주히 오가는 가운데 투박하고 거친 말을 공격적으로 내뱉는 어부들을 심심찮게 보아왔으리라.

1   영산강 안개 속에 기적이 울고
    삼학도 등대 아래 갈매기 우는
    그리운 내 고향 목포는 항구다
    목포는 항구다 똑딱선 운다.

2   유달산 잔디 우에 놀던 옛날도
    동백꽃 쓸어안고 울던 옛날도
    그리운 내 고향 목포는 항구다
    목포는 항구다 추억의 고향.

3. 여수로 떠나갈까 제주로 갈까
    비젖은 선창 머리 돛대들 달고
    그리운 내 고향 목포는 항구다
    목포는 항구다 이별의 고향.

(이난영, "목포는 항구다").

한때는 우리나라 3대 항구에 속했던 목포다. 당시의 번성했던 풍경
은 박화성의 소설 "추석전야"에도 잘 묘사되어 있다. 그때로선 휘황
하기 그지없었던 항구 주변의 즐비한 가게들과 인근 주택들로 겉으
로는 전혀 다른 근대 개화의 첨단을 걸었지만, 안으로는 피식민지
백성 조선인들의 고통이 컸고, 개개인들의 삶과 관계 또한 슬프고
한 많은 시절이었다. 항구, 혹은 선창은 그 이율배반의 복합적 인간
사와 감정이 도드라지게 표출되는 공간이었다. 통통통 똑딱선이 울
고 바다를 훑는 선창은 언제나 갖가지 기구한 사연들이 넘치는 인
생들로 북적였다.

이난영이 일제 말기인 1942년에 불렀던 노래, "목포의 항구"는 대다수 목포와 조선인들의 눈물겨운 인생을 담고 있다. 가수의 목소리는 슬픈 가사를 타고 애절하게 전개되었다. 사랑하는 남편 김해송이 6.25 전쟁통에 북으로 끌려가 생이별을 당했기에 더더욱 진심과 감정이 우러나왔다. 정도의 차이는 있을지라도 누구나 비켜갈 수 없는 어려웠던 시절의 비슷한 인생들이었던 우리 국민 모두의 심금을 울렸고 대단한 반향을 일으켰던 것이다.

지금도 목포 선창에는 셀 수 없는 어선들이 꽉 차 있다. 예전의 영화와는 많이 후퇴하였을지라도 생업을 잇는 어부들의 거친 숨소리와 고단한 인생가는 여전하다. 그리고 어부들의 삶을 일궈내며 동력을 준비시켜 주는 곳, 동명동 선구점 거리는 지금도 늘 활기차다.

동명동 선구점

일반적으로 고기잡는 어부들의 일과 관련하여 세가지 요소가 있어야 한다. 배를 구성하는 것들, 그물을 중심으로 한 어구를 구성하는 것들, 고기를 직접 잡는 사람들이다. 이 모두를 관통하며 집약된 것은 물론 어선이다. 즉, 어선에는 어부들의 모든 일상사와 생활사가 집적되어 있는 셈이다. 어선 한 척 한 척이 몰려있는 풍경은 마치 길가나 골목 골목에 산재해 있는 가게들이 종합적으로 집산해 있는 것과 같다.

동명동 앞바다, 삼학도와 사이에 삼면으로 막힌 바다 공간은 목포 어부들의 삶과 동행하는 어선의 집합소, 말 그대로 전형적인 선창이다. 어부는 이곳에서 배를 띄워 멀리 바다로 나가 고기잡이에 나선다. 그리고 저마다 만선이든 그렇지 못하든 일정한 소득을 싣고 다시 이곳으로 돌아온다. 사람이 아침에 집을 나가면 저녁에 다시 귀가하여 쉼과 재충전을 하듯이 배도 복귀하여 동력도 쉬게 하고 온갖 도구들을 수선하고 재점검하는 시간을 거쳐야 한다. 이 선창을 사잇길로 마주하여 선구점이 수십여개나 각기 엇비스한 이름을 지니고 몰려있는 까닭이다.

동명동 선구점 거리
(목포시 해안로)

선구점을 상징하는 가게들의 이름은 천차만별이다. 선구점에서도 일부 그물을 수리하거나 공장으로 보내고 가져오는 역할을 한다. 선구점, 철물점, 낚시집, 합동상회, 천막집, 장화, 피복, 깃발 등 이름을 세기 어렵다. 예를 들면 어망을 잃어버렸을 때 어망을 찾는 도구를 걸게라고 하는데 이런 도구들을 취급한다. 그물을 펴게 되면 깃발을 달아 열 폭 이상마다 하나씩 달아 표시를 하는데, 이 깃발도 취급한다. 부표용으로 기표를 달기 위해 사용하는 깃발을 기북이라고 한다. 깃발만을 전문적으로 하는 집만 해도 서너 군데가 넘었는데, 근자에는 다 없어지고 천막집 한 곳이 남아 있다.

그물의 도난이 심하다고 하는데 일부 선장들은 중국 어선과 선원들을 의심한다. 물고기를 잡아놓고 태양열을 보지 못하게 덮어두는 도구인 햇볕가리개도 필수적이다.

(이윤선, "목포시사").

그물 수선하여 판매하는 가장 기본적인 물품뿐만 아니라 간단한 기계 수리나 전기제품, 어부들의 피복과 장갑을 비롯한 생활용품 등도 모두 이곳 선구점에서 구입하여야 한다. 바다로 나가는 어부들의 현장을 끌어내는 인큐베이터같은 곳이라 할 수 있다. 어부의 일상은 뗄레야 뗄 수 없는 선구점을 들르는 데서부터 시작하는 것이다.

삼학도 마리나 항

선구점이 몰려 있고 수백여척의 배들이 정박하며 떠나는 이곳 동명동과 삼학도 사이와 서산 온금동 일대를 목포에서는 앞선창이라 한다. 그러면 뒷선창도 있으렸다. 흔히들 '뒷개'라고도 불리우고 '북항'으로도 불리는 지역을 말한다. 앞선창은 안강망, 유자망 등의 큰 어선들이 주로 있고, 뒷선창은 통발, 낚시, 주낙을 하는 중소형 어선들과 그물이나 생활 도구들이 좀 다른 가게들이 주로 형성되어 있다. 그런데 최근 앞선창의 새로운 개발로 인해 이곳 어선들이 대부분 뒷선창, 북항으로 이동하고 있다.

그 비어가는 앞선창은 삼학도 마리나 항 개발로 변신을 꾀하고 있는 것이다. '마리나(Marina)'는 요트나 레저용 보트의 정박시설과 계류장, 해안의 산책길, 상점 식당가 및 숙박시설 등을 갖춘 항구를 말한다. 선진국에서는 부유한 계층을 위한 고급 해양레포츠 시설로 각광받는 터에 국내 몇 항구도시에서도 활발히 벤치마킹이 이뤄지고 있다. 섬과 바다의 천혜의 자연경관을 지닌 전라남도 남해안에도 여기저기 지자체마다 개발에 박차를 가하는 중이며, 목포시에서도 이를 적극적으로 정책화하여 개발에 오랜 공을 들여오고 있다.

해양관광도시를 꿈꾸는 목포의 새로운 비전에 따라 이미 2009년에 개장한 목포 마리나 항에는 요트 32척 수용가능한 해상계류장, 요트 25척 수용할 수 있는 육상계류장을 비롯하여, 교육과 카페테리아를 갖춘 클럽하우스, 선박유지관리를 위한 인양기(최대 40톤 인양)와 부대시설 등이 설치되어 우리나라 서남권 최고의 마리나 시설로 평가받고 있다.

서남해 해양레저의 메카, 목포마리나요트
(목포시 삼학로 88-56)

현재 이곳은 600여척에 이르는 보트 전용 항구로 운용되며, 보다 고급진 레저를 즐기고자 하는 시민들의 로망을 충족케 한다.

섬문화 진흥원

목포항은 다도해의 모항이다. 우리나라 남서해안 지역에 흩어져 있는 수많은 섬들, 다도해라고도 하고 신안에서는 천사 섬이라고도 부른다. 인근의 완도, 진도와 신안에서도 흑산도, 도초도, 비금도, 김대중 대통령의 생가가 있는 하의도 등 수많은 섬들이 있다. 육지와 떨어져 바다 한가운데에서 살아가는 섬사람들, 그들은 으레 배를 타고 바다를 건너 반드시 목포항에 닿아야 육지로 들어갈 수 있었다. 지금은 많은 섬들이 육지와 교량으로 연결되어 차로도 이동할 수 있게 되었지만, 얼마 전까지만 해도 대부분 배를 타고 목포항에 닿는 데서부터 그들의 일상은 새롭게 전개되기 마련이었다.

목포는 수십킬로 멀리 떨어져 있는 헤아리기 어려운 숱한 섬과 교통수단이었던 배들의 어머니 품속 역할을 했다. 모태가 되고 새로운 동력원이 되었던 목포항, 이곳에 '섬진흥원'이 생겨난 건 지극히 당연한 일이다. 정부는 섬에 대한 체계적인 조사와 연구를 진행하고 섬 주민의 편의와 일상을 지원하기 위한 정책개발 연구 기능의 기관을 설립하기로 하고 지난 2021년 봄, 목포에 섬진흥원 설치를 결정하였다. 섬의 중요성과 가치를 고려하여 마땅히 우리나라에서 절대적으로 많은 섬을 포용하고 있는 목포에 이 중요한 기관이 들어선 것은 대단히 고무적인 일이다. 교통 발달과는 상대적으로 여러 면에서 뒤처지고 후퇴하는 섬을 회생하고 반전의 소중한 도구로 쓰일 수 있기를 기대해 본다.

오래전 천승세가 거닐고 김현이 어슬렁거릴 때만 해도 상상하기 힘든 목포의 변화된 선창, 바다 넘어 섬들의 안녕과 내일의 비전을 일궈줄 새로운 환경. 겉풍경은 오랜 시간에 많이도 변해가지만, 바다와 떠니는 배, 어부들의 활기넘치는 일상에서 뽑어나오는 목포 사람들의 노랫가락, 시 한 줄을 되뇌이며 옛 3대 도시 목포의 곰삭한 정취를 마음껏 품어보는 것은 어떠하리오!

퇴락하는 농촌과 도시 변두리 하류 인생

천승세는 어릴적 바다와 선창에서 얻은 문학적 감흥과 소재로 글을 쓰기도 했고, 청년기 대도시 삶을 통해 접했던 변두리 인생들이 겪는 비운과 고통의 현실도 작품 속에 녹여냈다. 그의 도시를 배경으로 한 세태 소설의 대표작을 또 살펴보자. 천승세는 단편 "황구의 비명(黃狗의 悲鳴)"을 1974년 8월 『한국문학』에 발표하였다. 소설은 70년대 경제성장기 우리 사회의 어두운 한 이면의 모습을 담고 있다.

주인공 '나'는 양색시 '담비 킴'을 찾아 용주골로 길을 나선다. 본명이 '은주'인 담비 킴은 돈놀이하는 내 아내의 돈을 떼먹고 어디론가 자취를 감춰 버린 것이다. 미군 남성과 양색시들이 즐비한 용주골, 우리나라 기지촌을 대표하는 이곳 풍경을 본의 아니게 대하며 나의 심사는 흔들렸다. 떼인 돈을 받아 와야 전세금을 마련할 수 있는 절박한 형편인지라 아내의 성화에 떠밀려 나왔지만, 낯선 환경의 전혀 다른 세상 앞에 나는 본래의 목적을 바꿀 수 밖에 없다. 은주를 찾았지만, 돈을 포기하고 오히려 내가 빚을 대신 갚아주며 고향으로 돌려 보내게 된다. 대낮 길가에서 수캐에 의한 폭력에 죽어 나가는 토종 암캐 황구의 죽음은 기지촌 우리 사회의 어두운 풍경이며 경제성장의 뒤안에 도사린 외세와 자본의 폭력을 상징한다.

"서둘러서 욕심을 부릴 필요는 없는 거지. 분수에 맞게 살다 보면 생활의 마디마디가 흡족한 평화일 수도 있구 말야……이룩하는 것만이 최상의 삶도 아닌 거고 늘상 우리들 곁에 있는 것을 우둔한 마

음으로 지켜가는 것도 근사한 건설이 아니겠어?……우리는 응접세
트에서 믹서로 갈아붙인 당근즙을 안 마셔도 되구, 카펫이 깔린 방
안에 앉아 발 고린내를 걱정 안해두 되구 말야. 고속도로를 질주하
는 고급 승용차나 풍만한 건강으로 유원지를 행락하는 그런 것들
만 풍요요 평화인가? 논길을 걸어오는 순한 선친들의 답답할 정도
로 멋없고 느린 그 팔자걸음들이나 덥썩 잡아주는 고향 사람들의
그 땀내 나는 손, 구린 입 냄새……이런 것들도 근사한 평화가 아
니겠어?……영어 모르면 어때? 한국 말만 바로 쓰고 살아도 할 말
이 끝없는 것 아니겠어? 로큰롤이나 솔보다도 유행가가 얼마나 좋
아?……버들잎이 외롭고, 황성 옛 터에 달이 돋고……그러고 말야,
은주의 이런 발은 나훈아의 고향의 돌담길이나 물레방아 도는 시골
같은 땅을 밟고 살 발이야. 이런 발로 라스팔마스는 너무 했잖아?
은주의 외씨 고무신 곁에는 황토로 범벅된 검정 고무신이나 코 째진
짚신 같은 것이 놓여 있있으면 되는 거구…….”

(천승세, "황구의 비명").

주인공의 입을 빌려 천승세는 한 민족의 토속성과 고유한 가치를 내
세우고 싶었다. 20세기 전반기는 강점당하던 일제에 의해, 해방과
6.25를 지난 후반기에는 미국 등 서양 외세에 의해 우리는 참으로
고난과 역경의 시간들을 보내왔다. 지난 세기 근 현대화를 이루고
경제도 성장하며 반만년 한민족의 생태계는 참으로 천지개벽을 이
루기도 했지만, 상대적으로 외세의 지배와 굴레에 민족의 가치와 정
신이 퇴색해 버린 게 얼마나 많으랴.

1970년대는 특별히 이들 낮의 굴뚝 산업 성장 만큼이나 밤의 유흥 매춘 산업의 현실을 고발한 작품들이 많았다. 시골에서 꿈과 돈을 좇아 도시로 올라왔는데, 자본과 남성들의 폭력에 의해 생성되고 희생되는 '호스티스 여성'들을 소재로 한 문학 작품들이 양산되었다. 그리고 "별들의 고향", "영자의 전성시대"를 시작으로 80년대에 이르도록 호스티스 영화들이 스크린에 도배되다시피 하였다.

'황구'는 1970년대 당시의 고통스런 민중들의 삶을 대변한다. 특히 외세에 기반한 자본과 권력으로 민중들을 억압하는 한편, 민족 공동체와 문화는 도외시 되고 말살되던 공포의 시대에 천승세는 자신의 글쓰기를 통해 바닥에 처한 인생들을 기억해 내고 민족 동질성의 피폐를 고발하였던 것이다.

문청시절의 요람, 갓바위

유달산, 삼학도와 함께 목포 시민이 추억하는 명소 중의 하나는 갓바위다. 어릴 때 봄 가을에 행하는 학교 소풍은 으레껏 갓바위가 우선순위였다. 지금은 매립이 이뤄지고 하당 신시가지와 연결되어 있지만, 30, 40년 전만 해도 시내에서 상당히 떨어진 한갓진 곳이고 주변이 조용하고 고즈넉한 곳이었다.

명소에 걸맞게 목포 시민들이 종종 찾는 곳이며 문화예술인들도 이곳에서 자연과 풍경이 불러 일으키는 심성에 자극되어 좋은 작품들을 구상하고 펼쳐냈다. 천승세 역시 이곳이 자신의 문학적 영감과 열정을 불러 준 대표적 공간으로 추억한다.

밤바다 평화광장에 빨간 분수 터지면
(목포시 상동 1119-2)

저 갓바위에 자주 갔었지. 저기서 낚시도 하고 지나다니는 배를 하루종일 쳐다보기도 하고 연애도 했지. (까마득해 보이는)삼학도에서 갓바위까지 헤엄쳐 와 해바라기도 하고. 우린 그때 물개였어. 짐승처럼 헤엄을 잘 쳤어. 요즘 하는 수영은 왠지 어항 속에서 훈련받은 사람들이 하는 것 같아. 저기서 정처 없이 다니는 배들을 보며 비로소 문학을 생각했어. 내 청년시절을 유일하게 품어준 자리야. 어머니도 돌아가시고 주위도 많이 변했지만, 저 갓바위는 그대로지. 내 문학청년 시절의 요람이 바로 저 갓바위요.

(천승세).

갓바위는 천연기념물 500호로 지정되어 있는 풍화혈(風化穴; tafoni)
이다. 풍화혈이란 쉽게 말하자면, 오랜 바람의 영향으로 암석 표면
이 깍이거나 패여 기이하게 구멍이 생긴 지형을 말한다. 특별히 갓
바위는 영산강 하구의 민물과 바닷물이 교차하면서 생긴 해식작용
과 함께 풍화작용이 오래도록 곁들어져 형성된 기이한 형태로 사람
들의 눈길을 끌게 되었고, 모양만큼이나 전해 내려오는 설화 또한
특별한 의미를 담고 있다.

입암산 끝자락에 바다에 접해 있는 이 바위의 전설은 예사롭지 않
다. 보통 바닷가에 있는 기이한 바위들은 남녀간의 애절한 사랑을
담는데, 갓을 쓴 두 사람의 얼굴 형태를 지닌 갓바위는 부자간의 효
행과 사랑을 담고 있다.

아주 먼 옛날 병든 아버지를 모시고 소금을 팔아 살아가는 젊은이가
있었다. 비록 궁핍함이 심한 가정이었지만, 청년은 아버지를 극진히
모시고 어떤 일이라도 마다하지 않는 착한 심성을 지녔다. 아버지가
병환이 심해 치료비를 마련하려고 남의 집 머슴살이로 들어가 열심
히 일했는데, 맘씨 고약한 주인은 제대로 품삯을 주지 않았다. 그런
사정으로 제 때 집에 돌아가지 못하고 오랜 시간이 걸려서야 아버지
에게 돌아가니 이미 아버지는 사망하고 말았다. 청년은 제대로 곁에
서 치료해 주지도 병간호도 못한 자신의 어리석음과 불효를 한탄하
며, 저승에서나마 편히 쉬시라고 양지바른 곳에 아버지를 모시려 했
다. 그러나 아버지의 관을 실수로 바다 속으로 빠뜨리고 말았다.

그는 자신의 불효를 통회하며 하늘을 바라 볼 수 없다하여 갓으로
가리고 자리를 지키다가 그도 죽고 말았다. 훗날 이곳에 두 개의 바

위가 솟아올라 사람들은 큰 바위를 아버지 바위, 작은 바위를 아들 바위라고 불렀다.

이 두 형상의 바위는 바다를 바라보고 있어서 예전엔 전면을 제대로 볼 수 없었다. 어릴 때 소풍을 가도 옆과 뒤에서나 겨우 볼 수 있었고, 배를 타고 앞으로 가야만 했는데, 이젠 바위 앞으로 해상 보행교가 설치되어 앞 모습을 제대로 감상할 수 있게 되었다.

오후나 저녁 무렵 밀물이 닥칠때면 바닷물이 거의 보행교 밑까지 도달아 마치 바다위에 떠있는 느낌을 맛볼 수도 있고, 특히 저녁시간 보행교와 갓바위, 그리고 멀리 평화광장에 야간조명이 다같이 켜질 때면 그 운치와 절경이 가져다주는 황홀함은 그 어디에서도 쉽게 접할 수 없는 감흥을 가져다 준다.

목포의 신 아지트, 하당 평화광장

갓바위를 육로로 접할 수 있는 계기가 된 것은 1980년대 이후 개발된 목포의 새로운 개간지, 하당 신도시때문이었다. 하긴 지금의 목포는 거의가 다 바다를 매립하고 조성하여 이뤄진 도시다.

1897년 개항 당시만 해도 유달산 언덕이나 곳곳의 산(섬) 언덕 정도에 땅이 있었을 뿐인데, 이후 일본인과 외국인들을 위한 조계지 조성으로부터 시작해서 대부분의 지역이 땅으로 매립되어 왔다.

섬이었던 것들은 산이나 언덕이 되었고, 그 사이 흐르던 바닷물은 다 메꾸워진 것이다. 산정동, 용당동, 삼학동, 연산동 등이 그러했고, 1980년이후부터는 부주산 사이에 있던 바다와 개펄이 점차 매립되어 육지화하였고, 90년대를 넘어서 본격적으로 개발하여 '하당' 신시가지가 만들어졌다.

하당은 신흥동, 부흥동 등의 행정동으로 나뉘어 대단위 주거지와 상업지역으로 조성되었다. 특별히 하당의 북쪽 끝은 바다 건너 영암으로 넘어가는 영산강하구둑이 연결되어 있고, 영암 삼호에 있는 조선소 '삼호중공업'을 비롯한 여러 중소기업들이 몰린 대불산업단지의 배후지 역할을 감당하고 있다.

바닷가와 접하고 있는 하당은 영산강 하구와 서해 바다가 만나는 지점에 있어서 이곳에 수변공사를 하여 시민공원을 지녔는데, 평화광장이라 한다. 공원 조성하던 초기에는 '미관광장'이라 불렀지만, 후에 김대중 대통령의 노벨평화상 수상을 기념하여 이름을 '평화광장'으로 고치고 일대를 시민의 휴식과 레저를 위한 공간으로 만들었다.

평화광장 앞 바다는 마치 잔잔한 호수같은 곳이다. 시민들의 좋은 휴식처이며, 삶의 새로운 동력을 선사받는 공간이다. 낮에는 바다를 따라 조성된 조깅로를 따라 호젓한 산책을 즐길 수도 있고, 자전거나 인라인스케이트로 질주할 수도 있다. 밤에는 주변에 일어서는 휘황한 네온 빛에 새롭게 옷을 갈아입는 평화광장의 마력에 빠져들 수도 있다.

바다 한 가운데 만들어진 '춤추는 바다분수'는 관광객들에게 좋은 호평을 받는다. 익숙한 대중 음악과 함께 야간 조명을 받아 하늘로 뿜어내는 분수의 장관은 가히 평화와 안식을 허락하며, 사랑하는 연인들에겐 미래를 기약하는 희망의 용솟음으로 다가온다.

목포 신도시 하당 평화광장
(목포시 평화로 82)

문학의 출발, 어머니 박화성

갓바위 공간이 천승세에게 문학의 동력을 이끌어주는 것이었다 해
도 그의 어머니만큼은 못할 것이다. 갓바위도 중요했지만, 어머니의
삶은 아들 천승세에게 고스란히 전가되며 불을 붙였다. 천승세의 삶
과 문학에 있어서 어머니의 존재는 가히 절대적이었던게 어머니는
다름아닌 '박화성'이라서다. 한국 소설가로서 남자 이광수 못지않
게 그 이상으로 여성으로서 쌍벽을 이뤘다 해도 과언이 아니니 말이
다. 식민지시대 정치 사회적으로 압박받는 조선인이며, 유교적 가정

문화 속에서 살아가는 여성으로서 박화성 개인의 고단한 인생사가 말할 수 없었겠지만, 그 와중에 그녀가 펼치는 강단지고 기개 넘치는 인생 역정과 당대 최고의 글을 쏟아내는 열정과 능력은 가히 최고의 존경을 선사해도 부족할 뿐이다.

평화광장 바다를 거닐며 우리 미래를 함께 꿈꾸면?
(목포시 평화로 82)

어머니는 내가 글을 끄적거리고 있으면 좋아하지 않으셨소. 어머니는 정말 존경하는 분이오. 그 어떤 남정네도, 조선시대의 여인도 그렇게 힘들고 어려운 시절을 그리 의연하게 보낼 수 없었을 것이라 생각할 만큼. 평생 정결한 부덕(婦德)과 검약으로 살았고 글을 쓰실 때도 '나는 내 자식을 쓴다' '문학에 완성이란 없다'고 하셨지. 어머니는 세상에 알려져 있는 것보다 위대한 소설가라고 생각하오.

(천승세).

그런 어머니 밑에서 자란 천승세이기에 그도 또한 독보적이고 의미 깊은 인생과 작품들을 펼쳐낸 것이다. 그렇지만 철없던 어린 시절엔 어머니의 글쓰는 행태가 그리 좋게 여겨지지 않았다. 어린나이에도 궁상스런 짓으로 여겨졌고, 힘들여 글 쓰는 일이 마뜩찮았다.

성장기에 공부에도 그다지 흥미를 붙이지 못한 천승세는 가라데 등 운동에 더 마음을 담았다. 14년 수련 끝에 4단 실력을 갖추기도 했던 그는 목포의 건달들과 상대하며 주먹싸움을 곧잘 일으키기도 했다. 고등학교를 졸업하고 서울에서 별 할 일없이 지내던 스무살 무렵 뜻밖에 쓴 작품이 신춘문예에 당선되자 어머니는 대단히 기뻐하며 아들을 장하게 여겼다.

어머니 박화성을 둔 천승세라고 알려지자 문단의 주목을 더 받게 되었고 이후 천승세의 필력은 더 날개를 달며 훨훨 날았다.

천승세의 절필

대학을 졸업하고 신문사 기자로 일하며 연이어 작품을 활발하게 쏟아내던 그는 1980년대 신군부 정권하에서 고난의 시기를 겪는다. "빙등"이라는 대하 소설을 "한국문학"에 연재하던 1985년, 돌연 국가 안기부의 압력에 의해 중단사태가 벌어졌다. 천승세 자신이 1973년 북태평양 베링해 동태잡이 어선에서 체험한 내용을 기초로 한국 어민사를 다루는 큰 작품이었는데, 독재 집단의 눈에 거슬렸는지 강제 중단으로 아쉽게도 미완으로 남겨지고 말았다.

천승세는 자유실천문인협의회와 그 뒤를 잇는 민족문학작가회의 등에서 일을 하며 작품활동과 함께 반체제 활동에도 적극적이었다. 자유실천위원장을 맡아 군사정권의 폭압에 항거했던 탓에 '반체제 작가' 낙인도 찍혔다. 그는 항거의 뜻으로 절필선언하였다.

시대에 대한 고발과 정직한 글쓰기로 맞서는 글쟁이를 권력자들은 가만 놔두지 않는다. 고난과 역경이 들이 닥치고 글쟁이는 자신의 붓을 어떻게 들 것인가로 괴로운 고민에 빠진다. 70년대 유신정권에 이어 등장한 80년대 신군부의 폭력은 가히 우리 사회에 엄청난 공포였다. 문화예술인에 대한 횡포와 무력 또한 가공할 정도였다.

군사정권의 서슬 푸른 오랏바람에 주눅 들어 살았던 참담한 문학적 질곡을 낱낱이 바르집을라 치면 끝이 없겠으나 그중 가슴 아팠던 상흔이 문학예술의 자율적 창의와 작의마저 '내 것'이 아니었다는 사실이다. '민족', '자유'를 외치는 문사들은 그 당장 국사범이나 진배없는 누명을 씌워 척결·발본색원하는 따위의 논고로써 물타작을 당해야 했고, 심지어는 가난한 사람들의 이야기만 써도 이 민족중흥의 시대에 웬 가난 타령이냐며 착살맞게 욱대기가 일수였다.

그 악패질의 기세가 '너희들의 예술적 생명을 내놓으라!' 하는 지경에 이르러 집필의 임의적 포기는 물론이요 끝내는 소속 단체의 예술적 강령을 걸고 '절필 선언'을 감행해야 했던 혈루 단장의 울한을 어찌 다 이를 수 있겠는가.

(천승세).

그의 절필은 어머니 박화성의 절필과 맞닿아 우리 사회가 맞닿았던 어둡고 슬픈 역사를 반추케 한다. 한창 왕성한 필력을 구사하며 한국 소설 문단에 빛을 뿜던 박화성은 일제가 극심하던 1930년대 후반 절필하였다. 당대의 신여성이라 우쭐대며 일제에 부역하고 갖가지 특혜를 누리던 김활란, 모윤숙과 같은 이들이 있었던 반면에 박화성은 이에 굴하지 않고 자신의 펜을 아예 내려놓은 것으로 뒤틀린 일제에 저항을 했었다.

나라가 해방이 되고 민주주의국가라 하여 좋은 세상인 줄 알았는데, 권력자가 바뀌었을 뿐, 여전히 국민과 민주주의는 팽개친 독재정권하에서 아들 천승세 역시 굴하며 차마 더러운 글쓰기를 이어갈 수 없었으리라. 1987년 6월 민주항쟁이 이어지고 독재가 물렁해진 1990년 즈음에야 다시 펜을 고쳐쓰게 된 천승세는 그의 생애동안 펴낸 대표 단편으로 "감루연습", "황구의 비명", "신궁(神弓)"이 있으며 중편소설집 "낙월도"와 "독탕행"과 장편소설 "사계의 후조", "낙과(落果)를 줍는 기린", "순례의 카나리아"를 펴냈고 그 외 다수의 시집과 에세이집, 콩트집 등도 내었다.

아버지 천독근과 형제들

천승세의 아버지는 천독근이다. 어머니 박화성의 두 번째 남편이다. 천독근은 도쿄 공과대학을 졸업하였으며, 유학 당시 신간회 동경지회 간부를 지냈었다. 1930년 졸업하고 귀국하였고, 1934년 목포에 직물회사를 설립 경영하였다. 당시 만주사변으로 인해 전쟁 특수붐이 일어 전국적으로 방직공업이 흥왕하였다.

세한루, 박화성이 말년에 머물며 문인들과 교류 지내던 집터 주변이 당시 공장부지였다. 총 2,800여평의 넓은 대지에 노동자 80명, 직조기 80대, 생산 능력 하루 2천마 정도로 남한에서는 전국 5대 견직공장에 들 정도로 큰 사업체였다.

천독근은 회사 경영이외에도 일제 강점치하에서 목포부회와 전남도의회 의원을 각각 지냈다. 해방후에는 남북간 교류가 끊기면서 북한에서 주로 들여오던 원료 공급이 여의치 않게 되어 공장 가동률이 현저하게 줄어들었다. 1955년 대한해운조합연합회 전무도 지냈던 천독근은 1955년 사망하였다. 박화성과의 사이에 아들 3형제를 두었다.

천독근과 박화성 슬하의 3형제 천승준, 천승세, 천승걸은 어머니와 함께 목포와 한국문학계의 대표적 문학가족을 이루고 있다.

천승세의 형 승준은 문학평론가였다. 효당(曉塘)이라는 호를 쓰는 천승준은 1938년 목포에서 출생하였고, 경기고교를 거쳐 한국외국어대학 독어과를 졸업하였다. MBC 문화방송국에 입사하여 PD 활동을 하였고, 전남일보와 동아일보 등에서 일하기도 하였다. 1957년 목포에서 "유달문학" 동인지에 작품을 발표하였고, "현대문학"에 평론 "인간의 긍정(肯定)"(1959), "현대적 작가형(作家型)"(1960)이 각각 추천되어 문단에 공식 데뷔했다.

그의 비평 태도는 이범선을 논한 "서민의 미학" 등에서 보듯이 분석적이거나 공격적인 자세보다는 양식에 입각, 호소하는 인상비평적인 경향을 띠고 있다고들 평한다. 구체적 상황에 대한 고발과 비판을 우선적 비평 과제로 삼고 있으며, 사회성의 적극적 추구가 작품의 주제를 이루는 천승준은 등단 작 "인간의 긍정(肯定): 오영수론"(현대문학, 1959. 9)을 비롯하여 "목포 평론문학사고찰"(목포과학대논문집 34, 2010) 등 여러 편의 글을 남겼다.

천승준의 아내 이규희 역시 소설가이다. 충남 아산 출신의 이규희는 이화여대 국문학과를 졸업하였으며, 1963년 동아일보에 장편소설 "솔솔이뜸의 댕이"가 당선되어 등단하였다.

삼학도 공원에서 본 유달산

이화여대 강사와 한국여성문학회 임원을 지냈는데, 그의 작품 세계는 농촌 등을 소재로 한 인간의 생활과 삶의 진실을 추구하는 것으로 평가받는다. 리얼리즘 수법을 토대로 밀도 짙은 문장력을 구사하는 그의 작품으로는 당선작을 비롯해 "꿈의 배반", "수줍은 연가", "목이 긴 아낙"등 여러 편이 있고, 그녀가 출판한 책으로는 소설집 "그 여자의 뜀박질은 끝나지 않았다"와 수필집 "늘 푸르고 싱그러울 날은 언제", "내 고백은 진달래 개나리로 피고"등이 있다.

어머니가 때로 지나치게 꼼꼼하고 깔끔하셨던 것은 아마도 열심히 살아가려는 이러한 성실의 도가 때로 지나쳤던 때문이 아니었던가 싶다. 어머니의 사전에는 '적당히'라는 단어가 없었던 것 같다.

어머니는 매사에 지나칠 만큼 결벽하고 철저하고 자신의 방식과 질서를 고수하셨다. 어쩌나 남에게서 도움을 받기라도 하면 곧 되갚아야 직성이 풀리셨고, 작품의 소재에서부터 시시콜콜한 시사문제에 이르기까지 그것에 대한 철저한 지식을 얻지 않고는 결코 만족해 하지 못하셨으며, 화장실 정리나 화분의 배열에 이르기까지 자신의 방식을 좀처럼 포기하지 않으셨다.

어찌보면 어머니는 엄격하고 견고한 자기 자신의 질서와 규범의 울타리 안에 자신을 가두고 마치 고행하는 수도승처럼 완벽을 추구하면서 너무나 힘겹게 세상을 살아오신게 아닌가 하는 생각이 들기도 한다.

(천승걸, "내 글살이의 뒤안길").

박화성 어머니에 대한 막내아들의 인상은 다른 형제들과 다르지 않다. 그런 어머니 밑에서 동일하게 자란 천승세의 동생 승걸도 문학가족의 피를 이어 영문학자로, 번역가로 활동하고 있다. 서울대 문리대 영문과를 졸업하고 미국 아이오와대학교에서 석사를, 서강대학교에서 문학박사 학위를 취득하였으며, 이후 서울대 영문과 교수를 지내며 꾸준히 평론과 번역서를 내기도 하였다.

버지니아 울프 소설과 미국 흑인 소설 등에 관한 다수의 논문을 발표하였고, 출판 저서로는 학술서 "프로스트의 명시", "미국 소설",

"미국 흑인문학과 그 전통"과 번역서 "현대소설과 의식의 흐름", "나다니엘 호손 단편선" 등이 있다.

천승세는 작년 2020년 11월, 목포를 떠나, 말년에 살던 타향도 떠나 더 멀리 저 세상으로 갔다. 혹자는 '우리 시대의 마지막 수컷이 돌아가셨다'고도 추억하며 그를 따르고 존경하던 많은 동료 후배들이 참으로 애도하였다. 생김새도 동물적 본능과 채취가 늘 물신 풍겼듯이, 어머니 박화성 이상의 기개와 '깡'이 짙었던 천승세, 글 쓰는 선비이되 문약하지 않고 불의와 몰상식 앞에서 불을 뿜어내었다는 기센 문청 천승세. 그의 기운을 다시 불러내어 침체되어가는 목포와 한국문학이 새 심지 일으킬 수 있기를 빌어본다.

8
최
하
림

목포 근대 역사와 문화가 여전히 살아 숨쉬는 목포 핫플레이스, 만호동

어릴 때 목포예술제든 호남예술제든 백일장이 열리면 어김없이 수업 제끼고 유달산으로 향했다. 국내 최고의 역사와 전통의 예술제. 목포에서 학교를 다니며 문학 소년 행세를 하는 이라면, 아침 조회가 끝나자마자 선생님에게 지명되어서 교정을 떠나 백일장 대회에 참가하였다. 아침부터 수업 빼먹고 놀러 간다는 게 철부지 아이에겐 너무도 신나는 일이었고, 부러운 눈초리로 쳐다보는 동료 급우들에겐 잔뜩 폼 잡으며 으스댈 수 있는 날이었다.

대체로 백일장 대회는 유달산에서 개최되었다. 당시만 해도 나무는 별로 없고 바위 투성이 뿐인 유달산의 노적봉에서 이순신 동상 있는 대학루까지 괜시리 뛰어 댕기며 한참 놀고 있는데, 선생님이 마감시간 되었다며 빨리 써 내라 하면 후다닥 아무렇게나 적어 냈다. 그리

고 며칠 후면 어김없이 전교생이 모인 월요 조회시간에 우수상이든 가작이든 구령대 앞에 불려 나가 상장을 받았다.

교장 선생님이 건네주는 상을 받을 때는, 며칠전 백일장 같은 건 기억 속에 내동댕이 친 지 오래라서 내가 왜 무슨 일을 해서 이런 상을 받는 지도 모르고 어안이 벙벙하다가도 조회가 끝나고 교실에 들어와 상장을 보면 그때서야 기억을 재생하며 기쁨과 학우들의 부러움에 사로잡히는데, 거기 정말 기가막힌 내용이 있었다. 내가 쓴 글이 뭔 지는 여전히 기억해 내지 못해도 이 상장 문구는 늘 뇌리에 남았고, 학교 다니는 동안 여러 차례 받았는 가 싶다.

백일장이 자주 열려 목포 청소년들의 글쓰기 서원이었던 유달산 이순신 공원(목포시 유달로)

삼학도 저멀리 산타마리아호의 선부들처럼 불멸의 미와 진리를 찾아서 우리는 이 다도해의 기슭에 끝없는 무적을 울리고 기를 날린다. 그것이 목포예술제전의 방향이며 정신이다. 위 사람은 목포문학제 백일장에서 이 정신을 잘 살렸으므로 이 상장을 수여한다.

목포문협의 살림꾼이던 차재석 선생의 부탁으로 최하림 시인이 작성한 문구다. 산타마리아호가 뭔 지도 역시 몰랐고 알려고도 하지 않았지만, 참 뭔가 있어 보이는 상장 문안에 상당히 매료되었었다. 초등학교 시절 다른 상장은 어머니 덕에 오래 보관하고 지금은 내 아내가 잘 보관하고 있지만, 이 상장의 행방은 알 수 없다.

어릴 적 백일장이란 백일장은 죄다 참가할 수 있었고, 최우수는 아니더라도 특선이나 입선은 늘 해서 여러 상장을 받은 기억이 있는데, 가장 멋져 보였던 이 문구가 담긴 상장은 가지고 있지 못해 좀 서운하다. 45년 여 쯤 흘러 내가 60 나이에 목포 문학에 대해 글을 쓰게 되고 최하림 선생에 대해서도 글을 써가는 지금, 그 문구의 설계자란 사실을 알게 되니 못내 더 그립고 아쉽다.

섬에서 뭍으로

최하림 시인의 어릴 적 고향은 목포가 아니라 신안이다. 팔금면 원산리에 그의 생가가 여전하다. 예전 원산리 마을이 이웃한 안좌면 소속일 때가 있어서 다수의 기록엔 안좌면 원산리로 나오는데, 지금의 행정구역도 그렇거니와 팔금면 원산리가 정확하다.

이렇게 혼동이 될 만큼 안좌도와 팔금도는 수영 잘하는 사람은 몸으로도 건널 수 있을 정도로 가깝거니와 팔금 옆에는 암태도, 그리고 또 그옆에는 자은도가 있어서 신안 중부지역의 네 섬이 가깝게 이웃하고 있다. 이들 네 섬은 예전엔 배를 타고 1-2시간 이상 바다를 건너야 목포 내륙에 닿을 수 있었는데, 이젠 암태도에서 압해도까지 연도교가 생겨 차로도 갈 수 있다.

총 연장 10.8킬로미터에 이르는 '천사대교'는 2019년에 완공되어 섬 주민들의 교통 환경이 크게 개선되었다. 안좌-팔금-암태-자은 4개 섬이 이미 연결되어 이들끼리는 서로 소통이 되어 있었는데, 천사대교의 건설로 보다 육지에 가까운 압해도까지 차로 건너고, 압해도에서 목포까지도 이미 연륙교가 있기에 이 섬 주민들은 육지 교통수단의 혜택을 얻게 되었다. 예전 명절 때면 서울과 타지에서 목포 북항이나 압해도 송공항까지 차로 오고 이제 섬에 들어가기 위해 카페리를 이용하느라 밀린 차들로 오랜 시간을 기다려야 했는데, 이젠 그럴 필요가 없으니 발전하는 사회 환경만큼이나 교통 수단도 많이 개선되었다.

얼마 전까진 그러질 못하고 여러모로 어려움이 많았던 섬 주민들, 최하림의 어린 시절도 육지 목포로 나가는 일은 배를 타고 바다를 건너야 했기에, 섬 촌놈이 느끼는 바다와 목포 항구의 감성은 얼마나 벅차고 흥분되었을까? 서울까지 진출하여 오랜 세월 도회지에서 살면서 늘 그의 마음 한켠에는 고향 바다와 섬 마을의 부모 친구들이었을 것이다. 오랫 만에 찾은 고향집에서 이젠 저 하늘 멀리 가버린 모친을 기억하면서, 도회지의 번잡합도 소란함도 없는 옛집 마루에서 평온하기 그지없는 행복을 누려보는 것이다.

많은 길을 걸어 고향집 마루에 오른다

귀에 익은 어머님 말씀은 들리지 않고

공기는 썰렁하고 뒤꼍에서는 치운 바람이 돈다

나는 마루에 벌렁 드러눕는다

이내 그런 내가 눈물겨워진다

종내는 이렇게 홀로 누울 수밖에 없다는 말 때문이 아니라

마룻바닥에 감도는 처연한 고요 때문이다

마침내 나는 고요에 이르렀구나

한 달도 나무들도 오늘 내 고요를

결코 풀어주지는 못하리라

(최하림, "집으로 가는 길").

최하림은 이곳에서 중학교까지 지냈다. 어릴 적 이름은 최호남(崔
虎南), 부모는 호랑이같은 용맹한 남자가 되길 기대했으려나. 동네
에서 방앗간을 운영했던 부친 최성봉은 호남이와 두 동생을 더 낳고
일찍 돌아가셔 버렸고, 대신 어머니 김호단 홀로 3남매를 키웠다.
아버지는 6.25 발발 1년 전인 1949년 33세로 돌아가시고 말았고, 전
쟁 이후에 어머니는 자녀들을 데리고 목포로 이주한 탓에 최하림은
도시에서 학교를 다니게 되었다.
신안과 완도, 진도 등 다도해 섬 뿐만 아니라 무안, 함평, 영암, 강진
등 전남의 서남부 지역에서 머리 똑똑하고 열심있는 학생들만 몰려

들었던 목포고등학교에 최하림도 입학하여 지역 수재들과 함께 공부할 수 있었다. 그리고 이 시기에 친구들과 함께 본격적으로 습작을 하며 문학 창작에 열을 내었다. 목포는 문화 예술가들이 많았고, 학교 선생들도 국어나 한문 선생은 대개 시인이나 소설가이고 미술 교사는 화가이다 보니 자연 학생들은 그 막강한 영향을 고스란히 받게 된 것이다.

고교시절과 젊은 날 최하림의 시들은 대체로 어둡다. 10대를 시작할려던 무렵, 일찍 아버지가 돌아간 탓에 아버지 부재와 함께 집안은 가난하였고 참 어려웠던 것 같다. 자녀를 키우느라 홀로된 어머니는 너무도 고난이 컸을 테고, 어머니를 따라 육지 목포로 왔는데, 낯선 도시의 풍경이 감수성 예민한 청소년기 그의 우울한 심상으로 쌓였지 않나 싶다. 수업료를 제대로 내지 못해 학교 수업을 제대로 하지 못하고 시내를 배회하거나 선창가까지 이르러 슬픈 상념을 바다에 씻어야 했을 것이다. 출렁이는 바다 위 지나는 배들을 보며 떠나온 섬을 그리기도 하며, 그는 자신의 흐린 심성을 글로 담고 시로 뱉어냈다. 그의 초기 습작 시에 바다와 배, 항구의 이미지들이 대체로 음산하고 부정적으로 비쳐 있다.

짙은 안개와 충격을 지내 나온 우리들에게서 일어나는 일이란
바람 같은 悔悟
性感을 다듬으며 바다에서는 霧笛이 쉴 사이 없이 울고
음산한 거리를 지나서 달달거리며 埠頭의 꽉 다문
침묵들이 머리를 빗고 나온 여자들처럼

저편 거울 속에 비춰지고

거울 속에서 발산하는 一帶를 휘어잡은 죽음의 길고 긴 바다

그 바다의 어두운 내면을 휘적이면서

우리들은 뒤따르는 께름칙한 감정을 붙들고 추궁하여 들어간다

그 아무도 의지할 이 없는 빈 해안통의 붉은 노을 속에서

휘어져드는 위험 속에서

不充實한 시간들이 이끄는

모든 테마의 로프줄을 새파란 칼날로 끊고 있다.

이리하여 우리들은 물기 낀 岬을 지나 달빛을 먹어버린

안개 속으로 이끌려가고

시푸런 槍 끝을 심장에 박으며 축축히 젖은 港口를, 霧笛들을

그리고 소리 없이 와 닿는 먼 航海에서

돌아오는 不在의 배를 굽어보는

아이들을 떠나

우리들은 西風을 받은 눈처럼 바다 가득히 퍼져나오는

陰影에 싸여

거울 속으로 거울 속으로 줄을 지어 들어가고 있다

(최하림, "海港").

산문시대 동인으로 얼굴을 내밀고

최하림은 4.19 한글세대의 신호탄이 되고 본격 동인지 시대를 연
"산문시대"를 통해 문단에 얼굴을 내밀기 시작했다. 함께 한 김현,

김치수, 김승옥 등은 한결같이 목포와 전라도를 근거지로 두고 있는 서울 유학생이라는 점에서 공통점이 있다. 너무도 가난하여 비록 최하림은 그들처럼 대학에 진학하진 못했어도 고등학교 시절 함께 문우로 지낸 이들과 함께 한국문단에 큰 일을 저지르게 된 것이다.

10년 전인 1952년 "시정신"이 목포에서 발행되었듯이, 산문 중심의 문학 지형을 새롭게 일구는 "산문시대"도 목포의 청년 문학도들이 발행했다는 점에서 의미가 크다.

시가 주를 이루는 문단에서 소설과 비평, 외국문학 번역 등 문학의 산문 정신을 표방하며 낸 "산문시대"는 1962년 6월 창간하여 5집까지 발행하였다. 1966년 황동규, 박이도, 정현종 등 시인들이 낸 시 전문지 "사계"와 함께 60년대 동인지 시대를 여는 쌍벽을 이뤘다. 이들 두 각기 시와 산문 동인그룹은 1969년 "68문학"으로 통합하였고, 이들이 각기 70년대 들어 작가의 개성과 문학성을 지향하는 "문학과 지성", 그리고 문학의 대사회적 발언을 중시하는 "창작과 비평"으로 분화 발전되었다.

최하림은 시인으로 한국 문단의 큰 획을 그었지만, "산문시대"를 통해 그는 젊은 날 소설과 평론, 희곡도 창작하였음을 여실히 보여주었다. 하긴 대체로 젊은날에 시도, 소설도 장르를 가리지 않고 써 대며 이후 좀 더 자신있고 평가받는 장르로 전문화하는데, 최하림은 나중에 시에 더 몰두하였던 것이다. 어쨌거나 산문시대를 통해 그가 써 낸 산문의 몇 흔적들을 살펴보는 것도 흥미롭지 않으련가.

산문시대에는 소설 18편, 희곡 1편, 평론 7편, 번역 6편 등 모두 32편의 글이 게재되었는데, 이 가운데 최하림이 쓴 것은 소설 4편과 희곡 1편이 있다. 소설은 "여름 시집", "수림 밀어", "밤의 촉수", "주름들이 주름들이"이며, 희곡은 "성(城)"이다.

60년대 한국문학의 못자리, 목포오거리

산문시대 동인들의 아지트는 목포 오거리였다. 최하림은 김현을 목포 오거리에서 처음 만났다. 1961년 겨울, 톱밥 난로가 추위를 가시게 해 주던 다방에서였다. 니체를 논하고 카프카와 발레리를 가지고 입씨름했다니, 처음 만난 더벅머리 두 촌놈은 예사로운 인물들이 아니었음에 틀림없다.

김현과 내가 처음 만난 것은 1961년 겨울, 목포 오거리의 3층 다방에서였다. 그는 두터운 오바를 입고 두꺼운 안경을 끼고서, 톱밥이 타들어가는 매케한 냄새가 코를 찌르는 난롯가에 앉아 있는 우리들(문인들과 화가들) 사이로 끼어들어왔다. 그의 자형이 되는 YMCA 총무가 그를 우리에게 소개했던 것이다.

그때 우리는 니체의 초인 이야기를 별 깊이도 없이 하고 있었다. 그런데 김현은 그런 내 말에 제동을 걸고, 니체의 초인은 희랍적 인간상으로 읽어야 한다고 했다. 어쨌거나 김현과 나의 만남은 그렇게 목포 오거리의 겨울 다방과 니체로부터 시작되었고, 발레리와 말라르메, 베케트에 대한 대화들을 거쳐서 〈산문시대〉라는 동인지를 김승옥, 염무웅, 김치수, 강호무, 곽광수 등과 더불어 내게 됨으로서 뗄 수 없는 관계로 들어가게 되었다.

(최하림, "김현, 그의 '있음'과 사랑").

일제강점기 목포부청이었던 목포근대역사 1관
(영신로29번길 6)

그리고 최하림은 이곳에서 김지하도 만났다. 최하림, 김현, 김지하는 목포 60년대 문학 청년세대를 일궜고 목포 문학의 새로운 전성기를 열었던 대표적 주자들이다. 누군가는 김현을 아폴로에 김지하를 디오니소스에 비교하고, 이 둘을 합친 이미지를 최하림이 지닌 다 해서 그를 균형주의자라고도 한다. 그런데 어찌 이들 세 사람 뿐이랴. 60년대 당시 목포의 난다 긴다 하는 문학도 미학도들은 이곳 오거리 술집과 다방에 낮밤으로 진치며 불을 뿜었다.

다방들이 밀집되어 있었던 목포 오거리. 황실과 세종 다방을 중심으로 목우, 밀물, 새마을, 청예 다방 등에서는 시화, 서예, 그림, 사진 등이 항상 내 걸려 있었다. 허건과 양인옥 등 화가들의 그림도 걸렸고, 목포문학과 예총의 살림꾼, 차재석, 박순범, 최일환, 김일로 등의 목포 문화예술인들의 작품들이 거의 끊일 날 없이 돌아가면서 전시회가 열렸다. 90년대 이전만 해도 명색이 문화예술의 수도라면서 목포엔 이렇다할 전시 공간이 턱없이 부족했다. 어쩌면 그만큼 목포의 문예 생산과 공급이 가열찼다고 볼 수도 있다. 상대적으로 공간이 부족한 것을 오거리의 다방들이 수용했다.

필자 역시 1980년대 이곳에서 전시회를 열었던 기억이 있다. 대학의 문학 동아리에서 학교를 벗어나 이곳 시내로 진출하여 딱 한 번 흉내를 내었던 것이다. 학생들은 자신을 드러내고 시내로 나가는 것을 삼가 두려워해야 한다며 조금은 말리셨던 지도교수님의 말씀이 지금도 뇌리에 크게 남아 있다.

사사오입 부정 개헌과 4.19, 그리고 군사혁명 등 60년대 초입 격동의 공화국을 살아가는 문학 청년들은 만나면 시사 문제는 물론 '니

체의 신'과 같은 외국 사조의 문예에 대해 열띤 논쟁을 벌였다. 밤낮
으로 찻집에서 술집에서 난상토론을 벌이며 저마다의 고뇌와 열정
을 각기 글로 담았고, 마침내 당대 한국문학을 주도하는 시인과 평
론가들로 자랐다. 목포 오거리는 한국문학의 못자리였던 셈이다.

어느새 세월이 흐르며 신도시가 생기고 오거리는 지난 영화가 많이
도 빛바래며 인적조차 예전만 못한 곳이 되어 버렸는데, 그래도 이
곳은 다방과 술집들이 붐비고 문화와 예술의 백화점같은 곳이었다.
최하림은 자신의 인생에서 이곳 오거리 청춘 시절이 문학이 문학 자
체만으로 성스웠던 유일한 시기라고 고백했다. 김현도 김지하도 그
랬으리라. 최하림은 시인 김지하를 생각하며 글을 지었고, 먼저 저
세상으로 간 김현을 추모하며 시를 남겼다.

공동묘지같이 외진 골짝에서 바람이 이로 바다가 일어
거리의 군중들이 몰려 갈 적에
또한 피와 아우성으로 돌바닥에 깔리고
밤우리에 감금당할 적에
그대여 그대여 어떻게 저 먼 밤을 뚫고 가겠는가
바위속같이 캄캄하고 팍팍한 수십만리 길을
그대 홀로 어떻게 가 보이겠는가
가다가 쓰러지고 피 흘린들
누가 염습이라도 해 주겠는가
괴로움이 비늘처럼 번쩍이면서 목을 조르고
마을 불빛도 모두 꺼져 어둠 속으로 잠겨들어가는데

다만 살아 움직이는 바다여 바람이여

눈물 속에서 날이 서는 칼을 갈고 칼을 갈고

이파리 끝도 다치지 못하는 칼날을

그대의 심장에 겨누며

우리들은 끝없이 어둠으로 뻗어가는

그대의 길을 큰 눈을 뜨고 똑똑히 본다

(최하림, "시인에게").

별은 멀고

밤은 어둡고

얼굴은 붉었다

양수리 물가에 너를 묻어두고

고속버스를 타고 캄캄한 길을 달려

광주로 갔다 일하러 갔다 바람이

소리치며 창밖으로 달리고 반고비

나그네길이라고 했던 네 책표지가

유리창에 나타났다 사라졌다

탐욕스러운 플라타너스며 도로 표지판

푸른 벼들이

헤드라이트 속에서 무슨

음모라도 꾸미듯

나타났다 사라졌다

으스스 닭살이 돋아 올랐다

(최하림, "김현을 보내고").

근대화 과정에서 사거리도 아니고 오거리는 그 다름만큼이나 어느 도시고 지난 추억과 삶이 있는 곳이다. 목포 오거리는 경계의 중심지였다. 일제 강점기 유달산 밑 동남쪽의 항구를 향해 조성된 조계지에는 주로 일본인들이 몰려 살았다. 목포부청을 비롯한 여러 관청과 동양척식회사 등 공출을 목적으로 설립된 일본계 상사나 가게, 그리고 주거지가 몰려 있는 지금의 만호동 지역 일대와 조선인들이 몰려 살았던 목원동(북교동, 남교동, 죽교동, 양동) 등으로 크게 두 구역으로 나뉘어 형성되어 있었다.

조선인들은 일체 만호동 지역에는 자리를 잡을 수 없었고, 이들 일본인들 지역에는 정(町)이나 통(通)이니 하는 일본식 행정 마을 단위를 쓰며 독차지 하였다. 일본인 거주지와 조선인 거주지의 중심이 되고 경계가 되는 곳이 오거리였다.

그런 까닭에 오거리는 자연스레 모든 문화와 상업의 중심지가 되었다. 사람들이 몰려들고, 만남의 장소였으니, 다방과 식당, 술집 등이 집중되며 목포에서는 가장 번화한 광장이었던 것이다. 당연히 문화예술인들도 여기서 만남을 갖고 저마다 작품을 선 보이며 토론과 비평으로 이야기 꽃을 피웠던 곳이다. 예전 그 많던 다방에선 시화전도 열리고 그림 전시회도 열렸는데, 지금은 거의 다 사라져 버렸다.

목포의 '중깐'을 드셔 보았으려나?

그 옛 영화를 찾기 힘든 오거리의 다방들 대신, 이곳에는 여전히 자리를 지키며 새로운 세대와 관광객들의 마음을 움직이는 명소들이

옛 일본동양척식식회사, 목포근대역사 2관
(목포시 번화로 18)

있다. 혹시, '중깐'이란 음식을 먹어보신 적 있으려나? 중국식 음식
의 한 종류인 '중깐'은 목포에만 있는 고유의 메뉴다. 짜장의 일종으
로 간짜장이나 유니짜장 비슷하기도 하지만, 조금 차이가 확실히 있
다. 면은 기스면처럼 가늘고, 채소와 고기를 잘게 다진 양념으로 구
성되 있다. 반숙 계란 후라이를 살짝 터치하여 함께 비벼 먹으면 된
다. 혹시 양념이 남았다면 복음밥에 비벼 먹으면 정말 금상첨화다.
물론 친구나 가족들과 함께 여럿이 찾았다면 처음부터 미리 주문해
놓으면 안성마춤.
전국 어디에도 아직은 없을 듯하고 목포에서만 맛 볼 수 있는 '중

목포에서만 먹을 수 있는 '중깐'
위: 유달산 오르막 입구에 있는 태동식당
(목포시 마인계터로40번길 10-1)

아래: 목포오거리에 있는 중화루
(목포시 영산로75번길 6)

깐', 그것도 딱 두 곳 식당에서만 운영한다. 오거리 김현이 출석하기도 했던 '옛 중앙교회' 건물이며 '구 동본원사' 맞은편에 있는 '중화루'와 유달산 노적봉으로 오르는 길 입구에 있는 '태동식당(반점)'이다. 중깐이란 말이 중화루의 간짜장이란 말에서 유래했듯이, 중화루가 원조다. 1950년 개업했으니, 70년 넘게 3대째 대를 이어 운영하는 목포의 대표적 노포 중화요리 전문점이기도 하다. 중국인들이 빨간색을 선호하는 것처럼 간판과 외양 색깔이 유난히 짙은 빨간색이어서 주변과 어울려 한눈에 툭 튄다. 2층으로 된 식당 안은 얼마전 리모델링하여 보통의 중국집 이미지와는 다르게 훨씬 깔끔해 졌다.

'중화루'에서 조금 떨어진 노적봉으로 오르는 '유달산 등구' 자리에는 '태동식당'이 있다. 간판은 '식당'으로 되어 있는데, 출입문은 또 '반점'으로 되어 있으니 같은 이름이다.

두 세 사람이 같이 들어가서 주문을 하면 그것 외에 복음밥이나 탕수육을 서비스로 그냥 주기도 한다. 국민 어머니 김혜자 씨에 비유하여 '혜자스럽다'느니, '가성비 좋다'느니 하는 말은 이런 식당을 이용하고 배를 쓸며 나올 때 하는 말일 것이다. 맛과 명성에 비해 좌석이 많지 않은 편이니 한창 식사 시간에 늘 손님이 붐벼 좀 기다려야 할 때가 많다.

태동반점에서 조금 더 오르면 목포의 유명한 사찰 정광정혜원이 있다. 1917년 일본 불교에서 세운 사찰인데, 광복후 대한조계종에서 인수하여 현재까지 운영하고 있다. 이 사찰은 법정 스님이 고은 시인을 만나고 불가에 입문하게 된 곳으로 유명하다. 한국전쟁이 끝나고 고은 시인이 불교 포교차 이곳 목포에 들렀는데, 당시 전남대 상대 재학중이던 박재철 학생을 만나, 그로하여 불가에 입문하는데 역할을 하였다. 박재철은 이후 법정으로 개명하였고 '무소유'의 스님으로 수필 문학가로 현대인들에게 큰 울림을 주었다. 구 동본원사도 그렇지만 정혜원 역시 일본식 사찰 건축양식을 띠고 있으며, 현 국가 등록문화재이다.

중식으로 식사를 하였다면, 유명 빵집도 들러 간식도 챙겨야 한다. 중화루 맞은 편에는 그 유명한 '코롬방제과점'이 있다. 중화루보다 1년 먼저 생겼다. 대전 성심당, 군산 이성당과 비유하여 목포는 코롬방으로 알려져 있다. 상호는 비둘기를 뜻하는 프랑스어 '콜롱브(Colombe)'에서 유래했다고 한다. 독자 개발한 '크림치즈 바게트'나 '새우 바케트' 등은 이미 인터넷 붐을 타고 전국에 널리 알려져 있어, 목포를 방문하는 관광객들은 '코롬방'이 필수 코스가 되어 있다.

법정이 불가에 입문하기전 다녔던 정광정혜원
(목포시 노적봉길 26)

여기 바게트 사 봤어, 코롬방
(목포시 영산로75번길 7)

수문당
(목포시 수문로 33)

한 여름 관광 시즌 때에 가보면 외지인들이 이 빵들을 사느라 줄을 길게 늘어서 있는 진풍경을 거의 매일 볼 수 있다.

헌데, 목포엔 코롬방 못지않게 역사와 전통을 자랑하는 명 제과점이 또 있다. '수문당 제과점'으로 1943년에 시작했으니, 코롬방 보다 더 먼저 생겼다. 현 '트윈타워'가 있는 곳에는 예전에 수문(水門)이 설치되어 있었다. 목포역 앞에서부터 북교초등학교를 지나 북항까지 만조 때가 되면 자연히 물이 불어나 바닷물이 시내 한 가운데를 넘쳐 흘렀다. 앞선창에서부터 뒷선창 사이로 흐르는 물을 조절하고 막기 위해 수문을 이곳에 설치해 사용했기 때문에 이곳 앞에서 시작한 가게 이름도 그렇게 정해져 지금까지 이어오고 있다.

한때는 영업을 중단하기도 했지만, 원도심 상권 개발에 발맞춰 카페로 변신하여 커피와 함께 스콘 등을 곁들여 판매하며 옛 명성을 되찾아 가고 있다.

목포의 제과점은 70, 80 시대만 해도 곳곳에 명성을 떨치는 곳이 제법 있었다. 코롬방과 가까운 오거리에 딱 달라붙어 있었던 '석빙고'에서는 가게 이름 그대로 얼음을 갈아서 빙수를 내놓아 주머니 사정 괜찮은 청소년들의 호평을 받았다. 당시로선 신도심에 해당하는 용당동의 3호 광장에는 '진고개 제과' 등도 청소년과 시민들이 자주 이용하는 빵집들이었다.

석빙고도 진고개도 지금은 세월히 흐르며 사라져 버렸고, 이젠 코롬방과 수문당 등이 과거를 이어 여전히 명성을 이어가는 목포의 명노포로 자리하고 있다.

시인 최하림

최하림은 이곳 오거리에서 김현, 김지하 등과 교분을 나누며 문학의 심지를 키웠다. 그리고 1964년 마침내 문단에 공식으로 이름을 내밀었다. 25세 되던 그해 조선일보 신춘문예에 "빈약한 올페의 회상"이란 특이한 제목의 시가 당선된 것이다.

나무들이 일전(日前)의 폭풍처럼 흔들리고 있다.
먼 들판을 횡단하며 온 우리들은 부재(不在)의 손을 버리고
쌓인 날들이 비애처럼 젖어드는 쓰디 쓴
이해의 속 계단의 광선이 거울을 통과하며
시간을 부르며 바다의 각선(脚線) 아래로
빠져나가는 오늘도 외로운
발단(發端)인 우리
아아 무슨 근거로 물결을 출렁이며 아주 끝나거나 싸늘한
바다로 나아가고자 했을까 나아가고자 했을까
기계가 의식의 잠 속을 우는 허다한 허다한 항구여
수없이 작별하고 수없이 만나는 선박들이여(하략)

(최하림, "빈약한 올페의 회상").

올페는 그리스 신화에 나오는 시인이며 가수, 오르페우스다. 사랑하는 아내 에우리디케가 독사에 물려 죽고 말았고, 오르페우스는 아내를 구하려 지옥에까지 찾아 들어간다. 하프의 원형이라는 '리라' 악기를 연주하며 노래를 통해 지옥의 수문장과 지옥신을 감동시키고

목포문학관 앞뜰의 최하림 시화전
(목포시 남농로 95)

애인을 구해 이승으로 거의 돌아올 수 있었는데, 마지막에 결국 뒤를 돌아보지 말라는 약속을 어긴 탓에 아내는 다시 저승으로 들어가고 다시는 구해내질 못했다. 청년 최하림은 이 신화이야기가 그의 어떤 심성을 울렸으려나. 실패에 그쳤으나 사랑하는 이를 위해 지옥까지라도 들어갔던 올페에게서 남다른 거룩함과 신성성을 강하게 느꼈던 그다.

사랑하는 이와의 이별과 슬픔은 인생사에서 가장 선명하고 그만큼 숭고하며 평생을 간다. 섬에 사는 사람이라면, 대륙의 땅 끝에 사는 이라면 당연히 바다와 항구는 더더욱 남다른 삶의 분기점이고 추억과 회상의 아련한 슬픔이 묻어있는 곳이다. 그가 시인이고 작가라면 으레 바다니 선창이니 포구니 하는 공간을 배경으로 사랑과 이별을 노래할 수 밖에 없다. 섬 출신 청년 최하림이 도시 목포로 나와 청년시절을 보내며 항구에서 느끼는 그리스 신화의 애달픈 이야기는 그의 문학적 감성에 덧입어 그의 문학인생을 여는 길목이 되었다.

〈산문시대〉를 통해서는 소설 분야에서 활약할 것처럼 선보였지만, 이내 시 작품으로 등단하며 이후 본격적인 시인으로 한국문학사에 큰 길을 내었다.

9

김지하

광주에 있던 전라남도 모든 관공서들이 이전하여 형성된 남악 신행정타운

천하의 시인을 천하의 평론가가 알아보는 걸까, 김현과 김지하, 그 둘의 관계는 어릴 적 고향 목포에서 시작된다. 단순히 친하다고, 요즘 세태따라 학벌이나 지역 연고따위로 그를 부추기고 내세워주는 것만은 아닐 게다. 다만 세계에 내놓을 만한 한국의 시인 김지하의 탄생은 그의 글을 남달리 여겨 온 김현의 눈썰미에서 시작되었다는 게 중요하다.

나야 조직이나 붕당을 애초부터 피해온 사람이지만, 분명 경향으로 따진다면 대체로 김현과는 어긋난다고 할 수 있다.

그러나 인간적으로는 김현이 내게 퍽 다정하게 대했다. 그리고 자기 입맛에 조금이라도 근접하는 작품이 있으면 뛸 듯이 기뻐하며 술을 사기도 했다.

혹시 자기 입맛에 안 맞아도 가능하면 도움을 주려 했으니 그와 나는 같은 전라도 목포 출신이었기 때문도 있겠으나, 덕으로 따진다면 나의 덕성이라기 보다는 그의 덕성일 것이다. 왜냐하면 "창비"에서 퇴짜 놓은 그 시편들이 김현의 비공식적 추천으로 조태일 시인의 검토를 거쳐 당시의 시 전문지인 "시인"에 거듭 두 번에 걸쳐 발표됨으로써 느지막이 1969년도에 내가 문단에 나왔기 때문이다.

(김지하, "흰 그늘의 길").

김지하는 1969년 "황톳길"이라는 시가 문예지 "시인"에 게재되면서 문단에 데뷔하였다. 그 전에 다른 문예지에 기고하였으나 퇴짜 맞았던 터에 김현이 이를 알고 비공식이나마 이곳에 의뢰하여 받아 들여지게 된 것이다. 물론 김지하는 그 이전에도 이미 지역 문단에 글을 발표하긴 했다. 1963년 "목포문학"에 "저녁 이야기"를 실은 바 있으나, 중앙문단에 이름을 내세운 건 1969년에 와서다. 당시 필명은 '지하(地下)'라 하였다. 어릴적부터 써온 그의 본명은 '김영일'인데, 문단데뷔를 계기로 이후부터 '지하(芝河)'라 하였다.

5.16 군사쿠데타 뒤니까, 아마도 스물 두 살 때였나 보다. 그때 나는 서울대학교 문리대학 미학과에서 공부하고 있었고 학교앞에 '학림'이라는 음악다방이 하나 있었는데 그 다방에서 곧 나의 시화전이 열리기로 되어 있었다. 그때가 여름이었다. 그때 내게 한 가지 문제가 있었다. 내 본명은 '김영일(金英一)'인데 문단에 이미 같은 이름의 문사들이 여럿 있었다. 당시 서울대 학생이 개인 시화전을 여는 것

은 마치 시집을 한 권 내는 것만큼 '준문단적', 혹은 '준준문단적' 사건이었는지라 아무래도 필명이 하나 필요했던 것이다. 그랬다. 그런데 그런 어느날 동아일보사에서 일하던 한 선배가 점심때 소주를 사줘서 실컷 먹고 잔뜩 취해 가지고 거기서 나와 동숭동 대학가의 아지트였던 바로 그 음악다방으로 가려고 호주머니를 뒤지니 돈도 버스표도 아무 것도 없었다. 그래서 걷기로 했다. 여름 한낮의 태양은 뜨겁고 술은 오를대로 올라 비틀거리며 종로 길을 갈지자로 걸어오던 때다. 그 무렵 막 유행하기 시작한 것이 있었는데, 요즘에도 흔한 것이지만 길가에 자그마한 입간판이 주욱 늘어선 것이다. 다방, 이발소, 이용실, 뭐 그런 것들의 입간판인데 술김에도 괴상하게 여긴 것은 그 간판 위쪽에다 똑같은 자그마한 검은 가로글씨로 모두 한글로 '지하'라고 하나같이 써 있었던 것이다. 그러니까 지하실에 다방, 이발소, 이용실이 있다는 얘긴데 왜 하필 그 글자 만은 유독 똑같은 한글, 똑같은 검은글씨로 맨 위쪽에 가로로 조그맣게 써있느냐는 것이다. 그런 똑같은것들이 여기도 '지하' 저기도 '지하' 저기만큼 가서도 또 '지하', '지하', '지하'! 그야말로 도처에 유(有) '지하'였다. '옳다! 저것이다! 저것이 내필명이다!'

(김지하).

핏빛 슬픔과 역사에 대한 남도의 항쟁

남도의 황톳길은 누렇지 않다. 붉은 핏빛이다. 남도는 나라의 내,외로부터 권력자와 정복자들에 의해 숱하게 짓밟히고 찢겨 왔다. 남도

민들의 슬픔과 원한의 역사는 너무도 길고 참으로 깊다. 그런 탓일까? 죽임과 절망의 역사를 살던 이들이 살아가는 그 '산하'와 '땅'도 예사롭지 않다. 전라도 벌판을 걸어보라, 이상하리만치 땅의 색깔이 붉다 못해 핏빛이다. 지역 사람들이 억울하게 죽어 나가 흘린 피가 땅의 색마저 바꿔 놓았을 정도였나 보다. 그 절망의 정도가 땅 속 깊이 진하게 스며있다.

한하운 시인도 "전라도-소록도 가는 길"에서 황톳길을 붉고 숨 막히는 길이라 했다. 황톳길 투성이 전라도의 곳곳을 걷다 보면, 그 길 위에서 피 흘려 쓰러진 수많은 전라도 선인들의 자취를 만난다. 외세 일본에 맞선 의병의 죽창, 부패한 정권과 탐관오리에 분연히 일어선 동학군의 함성, 일본 학생들의 폭력에 맞선 광주학생들의 의기, 부도덕한 권력과 부당한 명령에 맞선 여순항쟁, 민주주의를 말살하며 정권을 탈취하려는 신군부의 살상에 저항한 시민군의 항쟁 등등 전라도 붉은 땅의 험한 운명과 한 맺힌 수난의 역사는 너무도 크고 많아서 무엇으로 어떻게 다 정리하고 평가할 수 있으려나. 그래서 짧지만 시인이 내뱉는 포효가 늘 시대의 정신을 일깨우고 시민들의 자각과 역사를 새롭게 일구는 법이다.

황톳길에 선연한
핏자욱 핏자욱 따라
나는 간다 애비야
네가 죽었고
지금은 검고 해만 타는 곳

두 손엔 철삿줄

뜨거운 해가

땀과 눈물과 모밀밭을 태우는

총부리 칼날 아래 더위 속으로

나는 간다 애비야

네가 죽은 곳

부줏머리 갯가에 숭어가 뛸 때

가마니 속에서 네가 죽은 곳

밤마다 오포산에 불이 오를 때

울타리 탱자도 서슬 푸른 속이파리

뻗시디뻗신 성장처럼 억세인

황토에 대낮 빛나던 그날

그날의 만세라도 부르랴

노래라도 부르랴

대숲에 대가 성긴 동그만 화당골

우물마다 십 년마다 피가 솟아도

아아 척박한 식민지에 태어나

총칼 아래 쓰러져 간 나의 애비야

어이 죽순에 괴는 물방울

수정처럼 맑은 오월을 모르리 모르리마는

작은 꼬막마저 아사하는

길고 잔인한 여름

하늘도 없는 폭정의 뜨거운 여름이었다

끝끝내

조국의 모든 세월은 황톳길은

우리들의 희망은

낡은 짝배들 햇볕에 바스라진

뻘길을 지나면 다시 모밀밭

희디흰 고랑 너머

청천 드높은 하늘에 갈리든

아아 그날의 만세는 십 년을 지나

철삿줄 파고드는 살결에 숨결 속에

너의 목소리를 느끼며 흐느끼며

나는 간다 애비야

네가 죽은 곳

부줏머리 갯가에 숭어가 뛸 때

가마니 속에서 네가 죽은 곳.

(김지하, "황톳길").

김지하의 시에 등장하는 표현들은 이 시대를 살고 공감하는 이들에게 너무도 적실하게 다가온다. 이 시는 일제 치하 순검의 총칼아래, 그리고 6.25 동족상잔의 비극아래 죽어 나간 이들의 슬픈 운명과 역사를 증언한다. 특별히 '부줏머리', '오포산', '화당골' 등 목포의 특정 지역을 내포하는 까닭에 이 지역 사람으로서 더 시선을 아니 줄 수 없다.

목포의 새로운 도약대, 부주산

6.25 전쟁으로 숱한 군인들이 죽고 부상당했다. 민간인들도 예외가 아니었다. 이념의 대립과 갈등 정도가 아니었다. 평소에 알고 지내던 이들끼리도 서로 감정이 상하고 원한이 깊었던 이들은 권력이 뒤바뀔때마다 서로 찾아내 죽고 죽이길 반복했다. 이북 공산군에 의해서나 이남 국군에 의해서나 피차 서로에 대한 살육과 복수의 반복은 참으로 원한과 아픔의 역사를 더 도지게 하여왔다.

시간이 지나면서 특별히 국군이나 미군에 의한 무고한 살상과 만행도 크게 드러났다. 거창이나 노근리 지역을 대표적으로 전국 방방곡곡에 알려지거나 가려진 학살 사건은 다 셀 수 없을 정도다. 잘 알려져 있지 않지만 목포에서도 양민학살 사건은 예외가 아니었다. 소위 '보도연맹사건'은 남도 끝 목포에서도 있었다. 바다를 낀 탓이려나, 여기선 죄다 수장을 했었나 보다. 그런 탓에 다른 지역처럼 유골이 드러나지도 않는다. 혹여 바닷 속 깊은 곳에는 여기저기 흩어져 있으려나.

보도연맹사건!

그날 밤과 이튿날 새벽, 연맹원들은 모두 엘에스티라는 거대한 해군 수송선에 실려 한 바다에 나아갔다. 둘씩 짝지어 철사로 묶인 채, 무거운 돌을 달아 바다에 밀어넣어졌다. 밤바다에서의 대살육! 아귀지옥이었다는 후문이다.

인공 치하에서 어느 날이던가, 나는 친구들과 영산강가 왕자회사 옆을 지나가다가 둘이 함께 묶인 시체가 갯가에 밀려온 것을 본 적이 있다. 그것은 사람이 아니었다. 물에 퉁퉁 부은 위에 고기들이 파먹어 괴상하게 일그러진, 그야말로 기괴한 물건에 불과했다.

그 물건! 두고두고 잊히지 않던 그 물건이 보도연맹원들의 시체였음을 알게 된 것은, 그러나 훗날 일이다.

(김지하, "흰 그늘의 길").

김지하는 청소년기 목포 앞바다에 떠오른 시체들을 증언한다. 그가 보았던 지역은 특별히 지금의 갓바위나 평화광장 그리고 부주산 앞 옥암동 일대다. 지금이야 다 매립이 되고 육지화되었지만, 그때는 모두 바다였던 곳이다. 목포에서 영암으로 넘어가는 영산강 하구둑을 경계로 북쪽 영산강변을 따라 남악 신시가지가 조성되어 있고, 남쪽 목포 앞바다로 흐르는 평화광장 쪽에는 하당 신시가지가 있다. 슬픈 영혼과 유골을 바다 밑에 깔고 매립된 채 하당은 1990년이후 신시가지가 만들어졌고, 2000년대 이후엔 남악에 신시가지가 형성되며, 전라남도의 도청소재지가 되어 있다.

이들 지역의 수호신처럼 한 가운데 '부주산'과 동생 '부흥산'이 솟아있다. 높이 159미터의 부주산 아래는 예전에 '옥암', '부주두', '당가두' 등의 이름을 지닌 작은 포구 마을이 있었다. 이들 마을 뒷산 중턱에는 묘지와 화장장 등이 있어 사람의 발걸음이 제한적이었던 곳인데, 신시가지 택지 개발에 이어 주거지가 형성되면서 옛 흔적들은 모두 사라졌다. 마을은 매립된 바다와 함께 더 넓은 택지가 되었고, 그 위에 아파트 단지가 들어섰다.

바다에서 보면 마을이 머리를 쑥 내민 형태라 '당가두'라 하였고, 주변 산과 섬들이 아름답게 영산강 물위에 떠있다 하여 '부주두'라 하였는데, 현대 주민들은 동네 길 이름이 어렵고 낯설게만 느껴진다.

부주산 상층부는 가파른 편인데, 허리께에는 둘레 산책길이 조성되어 있다. 한 바퀴 도는 거리는 4킬로 정도라, 낮밤에 산책하며 건강을 챙기는 이들에겐 안성맞춤이다. 목포 시내를 바라보는 남쪽에는 문화예술회관과 실내수영장이 있고, 무안 임성을 바라보는 북쪽에는 테니스장, 파크골프장, 클라이밍센터 등의 체육시설이 있다.

동생 격인 부흥산은 99m의 아담한 크기로 역시 산 정상의 능선을 따라 걷는 산책길이 좋다. 언제부터 산의 이름이 정해졌는 지 알수 없으나, 현재는 이곳으로부터 무안 일로쪽으로 상당한 부지에 남악 신행정타운이 크게 자리하였으니 이 일대가 산의 이름 기운을 받아 엄청나게 '부흥'하는 셈이다. 부흥산 끝자락 영산강 하구둑으로 이어지는 곳에는 30미터 높이의 '만남의 폭포'가 있다. 영암쪽에서 목포로 들어오는 초입으로서 강둑을 타고 넘어온 관광객들에게 힘차게 내리꽂는 폭포줄기는 상당한 청량감을 선사한다.

김지하 시 "황톳길"의 한 구절에서 '부줏머리 갯가에 숭어가 뛸 때'라는 것처럼 이곳은 예나 지금이나 숭어가 많다. 하당 평화광장 수변 공원을 산책할 때면 늘상 수면 밑을 노니는 숭어떼들을 볼 수 있으니 말이다. 허나 6.25 전쟁을 비롯한 숱한 남북 갈등 속에서 우리나라 전역 어느 곳 하나 슬프고 억울한 죽음의 역사를 피하지 못했듯이 숭어떼 노닐던 바닷가와 이를 내려다 본 부주산과 부흥산 숲속 골짝에서는 낮과 밤으로 또 얼마나 많은 죽음들이 누워 있으랴.

목포 성장 발달의 허리, 하당

전술한 대로 부주산과 부흥산을 기준으로 북쪽에는 남악 신도시가 있고, 남쪽에는 하당 신도시가 있다. 광주 광역시와 전라남도의 행정 분리로 광주에 있던 전라남도 관청들이 모두 이곳 남악에 몰려들었다. 이를 위해 새 관청과 주거건물을 조성하고 만들어진 게 불과 20여년의 남악이다. 광주에 있던 공무원 가족을 비롯한 새 식구들을 위해 급조된 행정 신도시가 남악이라면 그보다 먼저 생긴 하당 신도시는 순전히 목포가 확장 발전될 필요에 의해 만들어졌다.

목포는 1897년 개항 당시만 해도 유달산 밑 만호동과 죽교동 지역에 불과 100여호도 안되는 인구 500여명 남짓한 작은 마을이었다. 일제가 항구를 개발하고 도시를 키우면서 급속도로 인구가 증가하고 땅

전라남도 영암에서 영산강을 건너 목포 초입에 이르면,
찾는 이를 반기며 물줄기를 시원스레 쏟아내는 부흥산 만남의 폭포
(목포시 녹색로)

이 커진 것이다. 거의 대부분이 바다였던 것을 매립하고 개펄을 땅으로 만들어 도시가 확장되고 사람들이 몰려들었다. 필자가 청소년기이던 1970~80년대는 용당동이 있는 2호, 3호 광장이 신도시였다. 당시 하당 일대는 온통 개펄지대였을 뿐이었다. 개펄 사이사이로 겨우 걸어 영산강 하구둑을 거닐며 산책하고 데이트 하던 기억이 가물하다. 그러던 하당 일대가 이후 계속해서 매립이 이뤄져 지금의 땅으로 변했고, 거기에 주거와 학교 등 시설들로 신도시를 이뤄온 것이다. 신흥동, 부흥동, 하당동, 혹은 상동이라는 행정 지명을 지니지만, 통틀어 이 일대를 하당이라 부른다. 예전 영화가 사라져가는 유달산 아래 지역이나 용당동 지역을 이젠 원도심이라 부르며 목포시

오포 텃다, 점심 먹자!낮 12시를 알렸던 유달산의 오포대

에서는 복원과 회생에 마음을 쏟고 있는 중이다.

90년대 이후의 목포 신도시, 하당 일대에 대해 김지하는 시 "황톳길"에서 '화당골'로 표기하고 있다. 천승세 역시 소설 '화당골 솟례'라는 작품이 있다. 모두 목포 하당 지역을 공간배경으로 한다.

오포 텄다, 점심 먹자!

숭어떼가 노니는 그 하당 바닷가에 가마니에 쌓여 소리 소문없이 죽어간 시체들이 함께 떠닐 때 유달산 오포대에선 솟는 불길따라 시대와 역사를 저항하며 만세운동 함성소리 드높았을 터이다. 억센 팔뚝 함께 뻗어 올리며 외세의 침략을 알리고 강포자의 무고한 살상을 고발하던 오포산의 포소리. 잠자던 시민을 깨우고 무력한 민중을 충동하며 꽝!하던 그 소리는 유달산에 지금도 그대로 있다.

유달산 초입부인 대학루 옆에 있는 오포대(吽砲臺)는 예전 형태를 복원하여 모형으로 전시한 것이다. 목포 시민들에게 낮 12시 정오를 알리기 위한 것이었다. 해당 관리가 정오에 맞춰 올라가서 포탄 없이 포구에 화약과 신문지를 넣고 쏘면 굉음 소리와 함께 상공에 휴지가 흩어졌다. 시민들은 "오포 텄다. 점심 먹자"라는 신호를 주었던 공공 시계였다고나 할까. 일제 말기 전쟁수행을 위한 공출로 일본이 모두 몰수하였던 오포대는 1987년 복원하여 현재 지방문화재로 지정·보존하고 있다.

목포엔 비녀산도 있다네

익히 아는 대로 유달산은 목포를 상징한다. 많은 사람이 삼학도와
함께 알고 있다. 헌데 목포에선 유달산과 함께 또다른 명산이 있다.
비녀산이다. 하나 더해 유방산과 함께 목포의 3대 산이라고도 할 수
있고, 입암산, 대박산과 함께 5대산이라 할 수도 있다. 목포의 명산
이니 시인이 이를 간과하고 놓칠 리 없는 법이다.

무성하던 삼밭도 이제

기름진 벌판도 없네 비녀산 밤봉우리

외쳐 부르던 노래는 통곡이었네 떠나갔네.

시퍼런 하늘을 찢고

치솟아 오르는 맨드라미

터질 듯 터질 듯

거역의 몸짓으로 떨리는 땅

비녀산(양을산), 이념 대립의 아픈 역사의 현장이기도 하다.

어느 곳에서나 어느 곳에서나
옛이야기 속에서는 뜨겁고 힘차고
가득하던 꿈을 그리다
죽도록 황토에만 그리다
삶은 일하고 굶주리고 병들어 죽는 것.(하략)

(김지하, "비녀산").

김지하가 그린 '비녀산'은 모양새가 마치 여인이 머리에 꽂는 비녀
같다하여 붙여진 이름이다. 다른 이름 '양을산'으로 오히려 더 많이
불린다. 151미터 높이에 길이 2킬로에 이른다. 산 아래에는 오래전
부터 목포사범대학이 있던 자리고 현재도 목포대학교 목포캠퍼스가
자리하고 있다. 남쪽 바닷가에 솟은 유달산과 북쪽 내륙으로 가는
쪽에 솟은 양을산 사이에 목포 시내가 넓게 자리하고 있다.
이 양을산에서도 전쟁중 이데올로기 대립으로 인한 이웃간 피비린

유달산 바닷가쪽 어민동산에 있는 김지하 시비
(목포시 해양대학로 188)

죽임과 보복은 지나치지 않았나 보다. 그가 보고 경험했던 살육의 현장과 아픔의 역사는 안으로는 자신 개인과 가족의 비극사와 너무도 맞닿아 있다. 증조부와 조부는 동학군으로 아버지는 좌익 사회주의자로 그가 겪고 감내했을 상처와 원한은 결코 간단치 않다. 그 비극적 개인 가정사를 어릴 때부터 달고 살아야 했던 그이기에 그가 또한 역사의 혼돈속에서 지켜 보며 맞닥뜨렸던 현장의 공포와 전율로부터 그의 삶과 문학은 처절하게 포효하였던 것이다.

저항의 포효, 시대의 예언자

김지하는 1941년 목포 산정동에서 태어났다. 할아버지는 동학운동을 하였고 아버지는 사회주의 운동을 하던 집안이었다. 산정초등학교를 다녔고, 목포고등학교 1학년을 마칠 쯤, 원주를 거쳐 서울 중동고등학교로 옮겨 공부하였고, 1959년 서울대 미학과에 입학하였다. 이듬해 4.19 혁명에 참가하였으며, 민족통일전국학생연맹 남쪽 학생대표로 활동하며 학생운동에 앞장섰고, 5.16 군사정변때는 수배를 당해 피신하였다. 고향 목포로 돌아와서 항만의 노동자등으로 위장하며 도피 생활을 해야 했다.

1963년 본명을 숨기고 '김지하'라는 필명으로 "목포문학"에 시 "저녁 이야기"를 발표하였다. 2년여 도피생활을 마치고 다시 학교에 복학하여 학업과 습작활동에 열을 쏟았다. 이듬해 1964년 6.3 한일굴욕회담 반대 활동에 나섰으며 김지하는 체포 구금되었다. 4개월 여 수감을 마치고 풀려난뒤 1966년 7년여만에 대학을 졸업하였고, 학생

연극과 번역, 창작 활동에 매진하던 끝에 1969년에 비로소 본격적으로 문단에 데뷔하였다. 그리고 1970년 그 유명한 "오적"을 "사상계"에 실으면서 김지하의 이름을 국내외에 알렸다.

옛날도 먼옛날 상달 초사훗날 백두산아래 나라선 뒷날
배꼽으로 보고 똥구멍으로 듣던 중엔 으뜸
아동방(我東方)이 바야흐로 단군 아래 으뜸 으뜸가는
태평 태평 태평성대라
그 무슨 가난이 있겠느냐 도둑이 있겠느냐
포식한 농민은 배터져 죽는 게 일쑤요
비단옷 신물나서 사시장철 벗고 사니
고재봉 제 비록 도둑이라곤 하나 공자님 당년에고 도척이 났고
부정부패 가렴주구 처처에 그득하나 요순 시절에도
시흉은 있었으니
아마도 현군양상(賢君良相)인들 세상 버릇 도벽(盜癖)이야
여든까지 차마 어찌할 수 있겠느냐
서울이라 장안 한복판에 다섯 도둑이 모여 살았겄다.
(하략)

(김지하, "오적").

오적필화사건. 재벌, 국회의원, 고급공무원, 장성, 장차관 다섯을 나라의 적이라 하였다. 오래 전 나라를 일본에 팔아먹은 을사오적에 빗대 '오적(五賊)'이라 칭했다. '정인숙 피살'과 '와우아파트 붕괴사

건' 등 당시의 정치 사회적 혼란과 부정 부패를 통렬히 고발한 내용이었다. 1970년 봄이 시작되던 3월, 요정 마담 정인숙 피살 사건이 일어났고, 그녀의 가방에선 당대의 저명 권력자들 이름이 적힌 노트가 발견되어 박정희 정권은 도덕적 치명상을 크게 입었다. 그런데다 채 한 달도 안되 이번에는 와우아파트가 붕괴되어 수십명의 인명피해가 발생하였다. 무리한 개발과 성장의 뒷그늘에는 권력자들의 부정과 비리가 들끓었고, 피해는 고스란히 무고한 시민과 약자들의 몫이었다.

김지하는 단 3일 만에 200자 원고지 40장에 이르는 장시로 당대를 비판하고 포효하였다. 글이 사상계에 실릴 때는 18페이지나 차지하는 상당한 분량이었다. 김지하는 그 긴 장문의 글을 마치 신들린 듯이 썼다고 한다. 신명에 따른 상상력으로 빚어낸 오적으로 당대의 큰 파문을 일으키며 경각심을 일깨웠다. 초판만 해도 3,000부 매진이라는 당시로선 대단한 판매를 기록했고 큰 반향을 일으켰다.

담시 "오적"은 야당이었던 신민당의 기관지에 재차 게재되며 전국으로 뻗어나갔지만, 불의한 정권이 이를 가만놔두지 않았다. 사상계 등은 출판금지를 당했고, 관련자들과 함께 창작자 김지하도 구속되었는데, 그나마 다행히도 국내외 구명운동에 힘입어 석방되었다.

타는 목마름으로

그렇지만 김지하의 세태를 비판하고 저항하는 글쓰기는 더 가열찼다. 유신정권에 대한 그의 저항과 의지는 그의 시 작품과 함께 직접

행동으로 나서기도 하면서 도피와 연행, 석방을 거듭하였다. 그리고
1974년 민청학련 사건에 연루되어 사형선고를 받기도 했는데, 유신
정권 내내 무기 감형과 석방, 재수감을 반복하였다.

신 새벽 뒷골목에
네 이름을 쓴다 민주주의여
내 머리는 너를 잊은 지 오래
내 발길은 너를 잊은 지 너무도 너무도 오래
오직 한가닥 있어
타는 가슴 속 목마름의 기억이
네 이름을 남 몰래 쓴다 민주주의여
아직 동 트지 않은 뒷골목의 어딘가
발자욱 소리 호르락 소리 문두드리는 소리
외마디 길고 긴 누군가의 비명 소리
신음 소리 통곡 소리 탄식 소리 그 속에서 내 가슴팍 속에
깊이깊이 새겨지는 네 이름 위에
네 이름의 외로운 눈부심 위에
살아오는 삶의 아픔
살아오는 저 푸르른 자유의 추억
되살아오는 끌려가던 벗들의 피 묻은 얼굴
떨리는 손 떨리는 가슴
떨리는 치떨리는 노여움으로 나무판자에
백묵으로 서툰 솜씨로 쓴다.

김지하 시인이 1950년대 졸업한 산정초등학교.
필자 역시 그보다 20여년 후인 1970년대 졸업하였다.
당시 베이비붐 세대들이 다닐 때만 해도 전교생이 4천여명이 넘었는데,
2021년 현재는 150명이 채 안된다
(목포시 산대로 26)

숨죽여 흐느끼며

네 이름 남 몰래 쓴다

타는 목마름으로

타는 목마름으로

민주주의여 만세

(김지하, "타는 목마름으로").

한창 유신정권에 대항하며 저항의 글쓰기를 힘차게 내뻗던 그가
1975년 내놓은 시 "타는 목마름으로"는 독재정권에 대항하며 이 땅
의 민주주의를 갈망하던 이들에게 항전의 바이블이 되었다.

서남해 바다가 영산강을 타고 나주로 오르는 길목에 있는 입암산.
오른쪽 바닷가를 끼고 뒤로 돌아가면 목포문학관을 비롯한
복합 문화예술 공간이 조성되어 있다.

유신헌법과 긴급조치 등으로 독재권력의 횡포가 극에 달했던 시절, 정부를 비판하고 민주주의를 부르짖으면 경찰과 공안 당국을 동원한 탄압은 무소불위였고 너무도 공포스러웠다.

1980년 봄 유신정권이 막을 내려 민주주의 봄이 오나 싶었는데, 신군부라는 보다 더 가공할 무력집단이 국민을 학살하며 정권을 탈취했다. 그럼에도 양심과 민주주의에 대해 용기를 낸 시민과 학생들은 끊임없이 저항하였고, 김지하의 시는 노랫말로 대중들에게 더욱 크게 어필하며 다가갔다. 민주세력은 독재타도와 민주회복을 외치는 한편 '타는 목마름으로' 노래를 목놓아 불렀다.

당대의 가객 김광석과 안치환은 곡조를 더하고 특유의 음색을 실어 대중들의 가슴을 울렸고, 이 땅의 민주주의를 호소하였다. 긴 수명을 달고 40여년이 흐른 지금도 거리에는 곧잘 이 노래가 울려 퍼진다. 촛불 정국에서도, 아니 촛불 시민의 뜻으로 획득한 새로운 정권에서도 그들의 실책과 변하지 않는 구태에 실망한 시민들이 다시 노래를 부른다. 오래전 부정한 세력을 향해 노래를 부르며 민주항쟁을 벌이던 이들이 국민의 바람과 피값으로 정권을 획득하고 나라의 책임을 맡게 되었는데. 이젠 오히려 그들의 내로남불 행태에 '타는 목마름'은 여전히 해갈되지 못하고 있으니 너무도 아쉽고 속상한 일이 아니런가.

김현 만이 내 시를

김지하 시의 특색은 요설과 침묵 사이를 그것이 오고 가고 있다는 것이다. 할 말이 끓어오를 때, 그의 시는 요설을 지향하지만, 할 말이 부질없다고 느낄 때, 다시 말해 그의 절망과 좌절이 너무 클 때, 그의 시는 침묵을 향한다. 침묵을 향하는 그의 시는 단순하고 소박하다. 그렇다고 그 단순성이나 소박함이 깊이를 결여하고 있는 것은 아니다. 깊이 있는 소박, 혹은 소박한 깊이가 그의 시의 단순성의 비밀이다. 그것을 가능케 하는 것은 대개의 경우 선적인 상상력이지만, 그것은 때로 상투형으로 떨어진다. 상투성으로 떨어지지 않는 단순성은 주위의 사람들에 대한 사랑, 삶 자체에 대한 사랑이다. 세상을 살 만한 것으로 만들기 위해, 그는 단순해진다. 쉬운 일은 아니다.

(김현, "행복한 책읽기").

김지하는 친구 김현 만이 자기 시를 유일하게 읽어 줄 수 있는 사람이라 했다. 그가 나이 쉰에 접어들 무렵인 1993년에는 벗 김현을 위해 시를 하나 쓰기도 했다. 1990년 김현이 세상을 떠난 지라 3년이 지난 때였다. 김지하는 저승에서도 자기 시를 읽얼 줄 것이라 하였다. 한 사람은 이 세상에 없고, 또 한 사람은 목포에서 멀리 있을 뿐인데, 그들 청년시절의 기개 펼치던 오거리에 다시 가서 목포가 낳은 두 천재들의 우정과 문재를 흠뻑 마셔보고 싶다. 더하여 부주산과 비녀산 숲속을 거닐며 거기 소리없이 누워있는 슬픈 영혼에 귀를 대어주고, 목포의 아픔과 이 땅의 비린 역사에 작은 회복과 생명의 씨라도 하나 쯤 뿌리고 싶다.

10
김학래

유달산 입구

'지방' 문학, '향토' 문인! 이런 말은 좀 고약하다. 중앙이니 서울이니 하는 것에 상대하여 단순 비교하는 정도가 아니라 웬지 낮게 여기고 하위 취급받는 경향이 짙다. 의미를 뚜렷하게 하고 필요에 의해서 잘 구분짓는 차원이라면 봐

줄만 한데, 서울이라고 하는 소위 중앙 세력에 끼지 못하고 메이저 리그에 속하지 못해 나오는 씁쓸한 자위에 지나지 않아서다.

앞에 '여류'니 '여성'이니 불필요하게 수식어를 덧붙이며 특정화 하는 것도 시대착오적이다. '남류문학'이나 '남성문인'이란 말은 쓰질 않나. 개인이든 집단이든 주관적 기준과 잣대를 정해 놓고 타존재와는 구별하고 상대화하며 낮추어보고자 하는 그릇된 태도는 이제 고쳐져야 한다. 보다 개화되고 발전되어가는 21세기를 걷는 이 시대인데, 타존재에 대한 이해와 존경은 오히려 더 후퇴하는 지경이

다. '여성', '장애인'. '이방인' 등 특별(?)해 보이는 계층과 사람에 대해 경계하며 구별짓고 혐오까지 해대는 세태다.

서울은 중앙인가? 서울도 지방인데! 말도 그렇다. 왜 서울 사람들이 쓰는 말만 표준어인가? 다른 지역 사람들이 쓰는 말은 비 표준어인가? 그걸 왜 굳이 정해놓고 거기에 모든 걸 강요하는가? 서울 사람이 쓰는 말은 서울 사람들에게만 표준어 아닌가? 그러니 전라도에선 전라도 말이 표준어가 되어야 한다. 목포에선 목포 말이 목포 사람들의 표준어다. 서울 말에 비해 촌스럽다거나 수준이 낮다거나 무식하다고 여기는 인식이야말로 무식한 짓이다.

목포인은 목포에 대한 자존감을 우리 스스로 세워야 한다. 필요에 따라 광주나 서울에 비교하기도 상대화하기도 하겠지만, 궁극적으로 타지역에 미련을 지니거나 아쉬움을 갖을 이유가 없다. 열등하게 여기고 우리 자신을 비하하는 것이야말로 어리석은 일이다. 서울이나 중앙이라는 것으로부터 종속성과 봉건성을 버리고 모든 지역마다 개성과 주체성을 인정하고 존중해야 한다.

그런 면에서 지금까지 목포문학의 한 단상을 쭈욱 거론하는 나 역시, 이 글에서 서울을 중심으로 한 소위 '중앙'문단에서 평가받고 인정받아왔던 대가(?)들 중심으로만 기술해 왔으니, 곤혹스러움 크다. 하여, 이 책의 마지막을 장식하면서 우리나라 전역에서 명성을 얻지 못하나 목포에서 누구보다 오래 살며 목포 사람으로 지냈던 목포 문인의 이야기를 쓰고자 한다. 그 대표로 김학래 선생을 중심으로 내세우는데, 일부 독자들에겐 또한 양해를 구한다.

목포의 수필가

그는 필자의 선친이라서다. 그래서 많이 망설이기도 했는데, 어쨌건 객관적으로 그가 목포문학의 성장기 시기에 대표적 지도자로서 공헌하며 역할한 것도 평가받는 것이니 중요하게 다루는 것은 이치를 벗어나는 것도 아니다. 아니, 오히려 상대적으로 평가되지 못하였기에 더더욱 지금의 후배들은 분발하여 재평가 해야만 한다.

김우진이나 박화성, 김현, 김지하에 비하면 그 인생과 문학이 전국에 전혀 알려져 있지 않지만, 반대로 그들보다는 훨씬 더 많은 세월을 이 목포에 살고 목포를 지키면서 목포의 문학 활동을 해온 수많은 이들이 있는데, 지금까지 거론한 인사들이 또한 시, 소설, 평론,

김학래 선생이 쓴 10권의 수필집

희곡분야에 두루 걸쳐 있었지만, 수필 분야는 빠져 있어서 목포를 대표하는 수필가로 살았던 김학래 선생을 거론하는 것에 넓은 마음으로 받아주시길 다시 청한다. 목포의 수필가 김학래를 이야기하자면, 먼저 그의 선배 김진섭과 조희관 등을 이야기해야 한다.

김진섭이라면 수필 문학을 말하게 된다. 200여편의 수필을 썼는데, 그 수필들은 한국 수필의 초기에 수작들로 가득한 것 같고, 수필문학론 또한 시금석이 된 것 같다. 한국 수필을 정립한 1930년하면 이양하와 김진섭을 손꼽는데 주저하지 않는 이유는 이 두 거장의 수필들이 뛰어난 작품들이기 때문이다.

김진섭의 문학 활동은 번역과 연극에서 출발하지만, 그의 문학적 관심은 수필로 옮기게 된다. 김진섭의 수필은 창작과 평론을 병행하였다. 첫 수필은 1930년에 중앙일보에 기고한 '인간미학론'이며 첫 평론은 1939년 동아일보에 발표한 '수필의 문학적 영역'이다. 본격 수필은 '모송론'을 기점으로 '백설부', '생활인의 철학', '두부송' 등 사색과 논리로 무장한 중수필이다.

(김학래, "김진섭 론").

월제 김학래는 대다수 수필가들이 그렇듯 김진섭 선생을 대표적 모델로 그의 글을 닮으려 했다. 그리고 김진섭 또한 프랑스의 몽테뉴를 흉내내려 했던 까닭에 월제는 그 둘의 삶과 문학을 늘 가까이했다. 선친의 책꽂이에는 수다한 수필집들이 있었는데, 어릴 적부터 나에게 특별히 도드라진 책은 세권짜리 몽테뉴 수상록이었다.

김진섭은 학교다닐 때 "인생예찬"부터 시작해서 여러 '~예찬' 시리즈 물이나 임어당과 비교되는 "생활인의 철학" 등을 읽어온 탓에 익숙한 인물이기도 하다. 우리나라 수필문학의 효시를 이룬 사람이니 이 땅의 모든 이로부터 사랑받는 문인 중 한 사람 아니련가!

그런데 그 김진섭 또한 목포와 무관하지 않다는 사실이 우선 중요하다. 김진섭은 1903년 예전 남교동 마을에서 태어났다. 차범석 선생의 생가가 가까이에 있었다. 북교동, 남교동, 죽동, 양동. 유달산 밑 반경 1~2킬로 남짓한 이 동네는 모두 통합되어 현재 '목원동'으로 불리는데, 김우진, 박화성, 차범석, 김진섭 등등이 다 나고 자란 문학동네다.

그렇지만 김진섭은 어릴 적 7년여 밖에 목포에 있지 못하고 일찍 타향으로 나돌아야 했다. 아버지의 전근으로 제주와 나주로, 그리고 서울에서 양정고보를 다니는 등 자주 이사를 하였다. 그래서일까, 어릴 적 고향에 대한 추억이 그에겐 그다지 없다. 자신 스스로 그것을 불행히 여길 정도였다. 그렇지만 목포는 그가 태어나고 어린 유년기를 보낸 것은 틀림없으니, 한국 수필문학의 큰 위업을 이룬 그를 높이 평가하며 목포의 또한 자랑으로 삼는다.

청천 김진섭 선생은 일본 호세이대학에서 독문학을 전공하고 해외문학 동인으로 활동하면서 해외문학 작품을 번역 소개하여 우리 현대문학 발전에 크게 공헌하였다. 독일문학 전공자로서 그는 독일 문학과 철학에 대한 이해력을 높였으며, 그의 글에 독일 사상가들의 이름이 빈번히 오르는 것은 이런 연유다.

그는 "인생예찬", "생활인의 철학"등 불후의 명작들을 100여편 가까이 남겼다. 그의 명문장들은 후대의 큰 평가를 받으며 후배 글쟁이들의 교본처럼 여겨왔다. 1930~40년대에 걸쳐 수필 분야를 개척하며 한국 문학의 큰 영역의 하나로 기틀을 세웠는데, 아쉽게도 6.25 전란시 납북되어 생사를 알 수 없다.

목포에서 일생을 다한 목포 문인

서울을 중심으로 활동하던 김진섭의 납북과 생사가 불명하던 전쟁 무렵, 1950년대 목포 문단을 이끈 살림꾼이며 수필가로써 조희관과 차재석 선생이 있다. 조희관 선생은 목포에서 학교 교사를 지내며, 차재석 선생은 출판사를 차려 문인들의 책을 내주고 뒤를 받치는 수고를 하며 함께 목포의 수필문학운동을 일으키고 목포 문단의 초석을 이뤘다.

조희관은 특히 중고등학교 교사로서 수많은 학생들에게 문학적 영감과 영향을 주었다. 한자어를 버리고 순수한 우리말 사용에 적극적이었다. 학교 간판을 한글로 바꾸고 교가 등을 아름다운 우리말로 짓기도 했다. 글 깨나 쓴다는 이들이 죄다 어려운 한자를 섞어가며 문명을 떨치던 세태에 그는 아름다운 한글로 글을 쓰고 작품을 지었다. 새롭고도 풍부한 우리말 수필들로 보는 이들에게 후배들에게 좋은 영향력을 끼치고 도전을 주었다.

조희관과 차재석 선생을 뒤이어 1960년대 중반이후 활동한 목포의 대표적 수필가는 월세 김학래 선생이다. 수필 만큼은 그가 독보적이었다. 아니, 거개가 시나 소설을 쓸 뿐, 수필은 대다수가 가까이 하지 않던 시절, 월제만이 유일하다시피 수필을 썼다. 시나 소설은 아예 가까이 하질 않았고, 오직 우직하게 홀로히 수필을 쓰며 목포 문단의 수필영역을 지켰으며, 10권에 이르는 수필집을 냈다. 과문일지 모르나 목포에서 그보다 더 많은 수필집을 낸 이는 여태 없다.

문단에 데뷔한 지 10년 만인 1976년 첫 작품집을 내고, 2006년 10번째 수필집을 내었는데, 그후로도 15년여 여생동안 꾸준히 글을 썼는데, 후속작을 책으로 엮지는 못하고 있다.

선친께서는 그동안 10권이나 내었다면서 다시는 책을 내지 않겠다, 고 다짐한 것을 지키셨는데, 그를 존경하고 글을 사랑하는 목포 전남의 동료, 후배 문인들은 유작을 내었으면 하는 바램이 있는 듯한데, 자녀된 필자 역시 책임을 느낀다.

월제는 1963~1966년, 3년간에 걸쳐 박화성, 조연현의 추천으로 수필계에 이름을 올리기 시작했다. "목요회", "목문학", "청호문학" 등의 동인활동과 이들 동인지를 통해 꾸준히 글을 내었다. 그가 낸 작품집은 "겨울밤"(1976)을 시작으로 "다도해의 낭만"(1981), "초가집"(1983), "아름다운 여운"(1984), "내 마음의 오솔길"(1990), "고향 하늘에 띄운 연서"(1992), "푸른하늘 흰구름 되어"(1999), "산너머 남촌에는"(2004), "동창이 밝았느냐"(2006)로 모두 10권이다.

김학래의 수필은 제재의 선택 면에서 그 폭이 대단히 넓다. 개인의 일상사에서부터 시작하여 어린 시절 고향의 추억, 복잡다단한 세상 풍정, 명승지 여행기 등 손대지 않은 분야가 거의 없을 정도이다. 일찍이 문학평론가 조연현 선생도 그를 가리켜 "소재 발굴에 능한 수필가"라고 평했다. 김학래 수필의 주종을 이루는 것은 고향에 대한 그리움과 변모하는 세태에 대한 유감, 일상사에 대한 감회 따위로 대별할 수 있다. 김학래 수필의 특징을 세가지로 논한다면 고향과 전통에 대한 향수, 격세지감과 세태 비판, 안분지족과 삶의 여유라고 할 수 있다.

(장병호, "김학래의 생애와 수필세계").

월제 김학래는 목포에서 오래도록 지내며 가히 독보인 수필세계를 열었지만, 다른 유명인들에 비해 제대로 평가받지도 논의의 대상도 못 받았다. 같은 교육계의 후배이며 후배 문인인 순천의 장병호 선생께서 그에 대한 평론을 내어 주셨을 때, 나는 참으로 부끄럽기도 하고 감사하기도 했다. 장병호 선생의 옥고를 통해 월제의 수필에 대한 이해를 돕는다.

그렇다. 장병호 수필가의 월제에 대한 평과 이해는 너무도 적실하다. 필자는 40대 이후부터 아내와 함께 일일이 선친의 글을 타이핑했다. 아버지를 존경하고 그의 글을 좋아하는 까닭에 컴퓨터의 도움을 얻어 모두 디지털화 했다. 덕분에 여기저기서 원고 청탁이 오면 언제든 내가 손쉽게 이멜 등으로 전송해 줄 수 있었다. 그런 까닭에 선친이 살아오신 인생 내력도 그렇고 그의 글도 내 마음과 삶에 깊이 박힌 바인데, 장병호 선생의 평가는 참으로 공감이 된다.

월제는 특히 고향 진도에 대한 애정이 컸다. 어릴적부터 30대 청년기를 시작할 무렵까지 거기서 자라고 지냈으니, 당연하리라. 진도에 대한 글이 많다. 오히려 목포에 대한 글보다 더하다. 30년 지낸 진도

2004년 9번째 수필집 출판기념회에서 아내 김윤자 여사와 함께

보다 이후 55년을 더 지낸 목포지만, 그에게는 어릴 적 고향이 늘 그리움이고 마음의 안식처였을 것이다.

월제는 세태에 대한 비판도 곧잘 하셨다. 시대는 늘 변하고 가치나 문화환경도 덩달아 바뀌곤 하는데, 보수적이고 완고하신 편이었던 선친은 소위 신세대들의 풍조를 잘 받아 들이지 못하셨고, 다른 가치와 경향에 대해 그다지 너그럽지는 않으셨다. 전통적 가치와 미풍양속을 귀히 여기는 공고한 그의 장점이면서도 경우에 따라 다르게 느껴지는 것도 '틀려 먹었어!'라고 호통하며 쓴 소리 아끼지 않는 글도 참 많으니 말이다.

내 소일감은 괜찮은 편이다. 수필도 쓰고 우편물 많이 받고 테니스
도 즐기고 모임도 약간 있고 그보다는 주 1회 웃고 지내는 시간이
있으니 정년퇴임한 신세 이만하면 되었지 더이상 무엇을 바라겠는
가. 한 인간으로서의 소임을 다했으니(교단 45년 2개월) 이것은 분
명 복이렸다. 조상님께서 주신 복이다. 글도 쓰고 운동도 하니 부모
님으로부터 복을 탄 것이다.

돈은 없지만 원래 가난한 집안의 아들이었으니 당연한 일이고 조금
도 억울한게 없다. 3남1녀 애들이 모두 늦장이고 출세한 이도 없고
돈을 버는 이도 없지만 착하게 살아가니 마음이 편하다.

퇴임후 6년의 세월 지금까지 이렇게 좋았는데 앞으로도 이렇게 될
것인지?

그러나 걱정할 일은 아니다. 운명이라 여기고 소일(消日), 소월(消
月), 소년(消年)을 잘 해나갈 것이다. 건강한 몸 편안한 마음으로 홀
가분하게 살아갈 것이다.

(김학래, "퇴임후 세월").

장병호 선생은 월제 수필의 세 번째 특징으로 '안분자족과 삶의 여
유'를 말한다. 부자라서 자족하며 덜 욕심 부리는 게 아니다. 월제의
인생은 '가난!' 그 자체와의 일생 투쟁이었다. 가난하고 궁핍한 성장
기를 보냈고, 어려웠던 시대 박봉의 공무원이었을 뿐이었다. 검소한
삶과 소탈한 인생으로 작은 봉급 아껴가며 자신보다는 자식들 공부
시키는데 투자하였고, 노년에도 별달리 욕심도 과하게 부려본 적 없
이 자족하며 넉넉히 살았던 인생이다.

목포는 유달산이다

유달산!

그 이름만 들어도 눈이 번쩍 떠지도록 반갑고 다정다감하고 자랑하고 싶은 산이다. 유달산은 삼학도와 더불어 목포의 대명사다. 서울이나 부산, 강원도 등지에서 어떤 사람과 이야기를 나눌 때, 내가 사는 곳이 목포라고 말을 하면 상대는 금시 명산 유달산을 들고 나온다. 이야기가 이쯤 진전되면 나는 본격적으로 유달산 자랑을 하게 된다. 자랑스런 유달산 하인, 유달산 하인이란 특별 칭호를 어찌 서예가와 화가만 애용할 수 있겠는가?

유달산의 정기를 타고 났으며 유달산을 사랑하고 유달산하 목포의 시민이란 긍지를 지니고 살아가는 사람이라면 누구나 쓸 수 있는 공감대적인 칭호일 수 있겠다.

(김학래, "목포의 자랑 유달산").

누군들 유달산의 은혜입지 않은 목포사람이 있으랴. 목포시내 모든 학교 교가에는 거개가 유달산이 들어있다. 유달산 맑은 기운이니, 유달산 정기니 하는 일색인데, 과연 월제 김학래도 내놓고 자랑하는 유달산은 무엇이란 말인가. 모두들 들어는 보았을텐데 자세히는 잘 모르지 않겠나. 하여 또 여기서 미주알고주알 유달산 타령을 늘어놓는다.

해발 228미터의 유달산, 대한민국 최서남단 땅 끝에 다도해를 품고 있는 영산이다. 그 영험에 걸맞게 영달산, 개골산 등 별칭도 다양하다. 개골산은 겨울 금강산의 별칭에서 빗대었다. 낙엽지고 앙상한

뼈처럼 바위만 남았다하여 붙여진 금강산의 겨울 이름 개골산에 빗대, 예전 온통 바위 투성이 외모라서 유달산을 호남의 개골산이라고도 불렀다. 지금은 나무와 풀들이 많이 자라있어 푸른 잎사귀로 채색되어 고운 외투를 입고 있지만, 필자가 어릴 때만 해도 대부분 헐벗은 몸뚱아리 크고 작은 바위들로 울퉁불퉁 솟아있는 민둥 바위산이었다. 가장 높은 봉우리를 '일등바위'라 하고, 차례대로 '이등바위'. '삼등바위'라 지칭했으며, 이들을 필두로 유달산 곳곳에는 셀 수 없이 많은 바위들이 저마다 개성 넘치는 모양과 빛깔로 자리를 차지하고 있다.

사람의 영혼이 이승을 떠나 저승으로 가기위해 잠시 쉬어가는 산, 영달산이라고도 했다. 일등바위는 영혼이 심판을 받는다 하여 '율동바위'라고도 불린다. 그보다 낮은 이등바위는 '이동바위'라는 별칭도 있다. 사람이 죽으면 영혼이 일등바위에서 심판을 받고 이곳 이등바위로 이동하여 대기한다 하여 붙여진 이름이다. 이등바위에서 대기한 영혼이 극락세계로 명을 받으면 그 영혼은 세 마리의 학(삼학도)이나 고하도 용머리의 용을 타고 간다고 하였고, 용궁으로 명을 받으면, 거북섬(압해도 구도)의 거북이 등에 실려 용궁으로 간다는 전설이 내려오고 있다.

'유달산'의 한자어 이름은 예로부터 '鍮達山'이었다. 아침에 해가 동녘에서 떠오르면 그 햇살을 받는 봉우리가 마치 쇠가 녹아내린 듯한 색으로 변한다 하여 붙여졌다. 그런데 구한말 선비 무정 정만조가 진도에 유배되었다가 돌아가는 길에 이 산에서 시회를 열게 되었다.

유달산 중턱에 있는 달선각,
목포 전경이 가장 잘 보이는 곳이다.

권일송 시인이 쓴
유달산 달성공원 기념비

이에 자극받은 이 지역의 선비들이 정기적으로 유달산에 와서 시를 쓰고 풍류를 즐기다 보니, 한자어도 '선비 유'자로 고쳐 '儒達山'이라 하여 왔다. 지금도 남아있는 '목포시사(유산시사)' 건물이 옛 자취를 고스란히 간직하고 있다.

선비가 학문을 익히고 도에 전념하던 곳이니 유달산 봉우리마다 의미 심장한 정자가 5개나 있어 등산객들이 잠시 해를 피하고 땀을 식히며 쉬어가게 한다. 밑에서부터 위로 올라갈수록 대학루, 달선각, 유선각, 관운각, 소요정 등이다.

유달산 오르면 맨 처음 만나는게 대학루(待鶴樓)다. 노적봉 앞 입구 계단을 오르면 이순신 동상이 있는 작은 공원이 있고 이곳을 옆으로 지나 오르면 대학루 정자가 등산객을 반겨준다. 목포 시내의 전경과 목포 앞바다와 옛 일본인들이 진치던 근대의 공간을 바로 아래 훤히 내려다 볼 수 있다. 그리고 이곳에서 '학을 기다린다'는 이름처럼 멀리 삼학도가 잘 보인다. 유달산 선비와 세 여인의 애틋한 사랑 이야기가 방문객들의 마음을 울리면, 어떤 중년들은 옛 사랑을 떠올리며 행여나 하는 마음에 잠시라도 심쿵하려나.

대학루 앞에는 한 낮을 알려 줬다는 오포대가 있고, 더 올라가 '어린이 헌장탑'과 이난영의 '목포의눈물 노래비'를 지나며 노래 한가락 따라 불며 걸음을 지그재그로 재촉하면 이번엔 달선각이 나온다.

'達仙閣', 선비의 열심과 노력이 마침내 신선의 경지에 도달했다는 곳이려나. 하얀색 양말을 신은 여섯 개의 빨간 기둥이 육각 지붕을 받치고 있다. 바다에서 이 정자를 넘어 시내로 통하는 바람을 마시고 뱉으며 숨 고르기를 하면, 학문에 정진하는 이들의 수고와 땀이 얼마나 귀한 지 새삼 더 귀하게 느껴지는 곳이다.

유선각(儒仙閣)은 1932년에 세워 졌으며, 유달산 중턱 쯤에 있다. 정만조 선생이 이름을 지었다고 하며 선비들이 풍류를 즐기던 대표적 장소이기도 하다. 누각 현판에는 해공 신익희 선생의 행서체로 된 편액이 걸려 있으며, 정자 앞에는 차재석 선생이 글을 남긴 유선각 시비가 서 있다.

5개 정자 가운데 가장 높은 곳에 있는 관운각(觀雲閣)은 구름을 가장 가까이에서 관조할 수 있는 정도의 높이에 있기에 붙여진 이름일 게다. 간혹 대기가 무거워 구름이 낮게 내려오면 관운각을 휘감고 노닐 법도 하다. 여태 올라오는 동안에도 기기묘묘한 바위들에 취하며 감상하느라 발걸음도 느릿느릿해 왔을는지 모르는데, 관운각 주변에는 그야말로 기암괴석 천지다. 거북바위, 떡바위, 마당바위를 비롯해 어디나 있는 남근석, 여근석 등등으로 조물주의 작품 솜씨를 관조할라치면 시내에서 몰려오던 구름도 행객을 보듬어 안고 저 바다에 떨어지도록 시간가는 줄 모르고 넋을 놓을 수도 있다.

이제 일등바위 코 밑이다. 다시 심호흡 크게 하며 가파른 계단을 올라 유달산 최정상 일등바위에 올라본다.

일등바위에서 하늘 은혜, 복의 복을 입은 목포를 의미심장하게 내려다 본다. 그리고 이곳을 오르는 모든 이는 자신의 삶과 인생에도 그 기운을 업어 갈 수 있기를 잠시 빌어본다. 이번에는 반대편 방향으로 하산을 해야 하나. 오르는 길이 있으면 내려가기도 해야 하는 게 인생이다. 교만 일색인 죄많은 인생들이야말로 부단히 내려가며 자신을 낮추고 겸손의 소양을 쌓아야 하지 않겠는가. 올라왔던 길과

임진왜란 당시 이순신 장군의 무용담이 서린 노적봉

반대 방향으로 내려가면 소요정이 대기하고 있다.

빠알갛게 익어가는 저녁 노을을 감상할 수 있는 곳, '逍遙亭'. 여기서 다시 이등바위로 올라가 볼 수도 있고, 아래로 하산할 수도 있다. 내려가는 길은 두 가지다. 목포 시내 방향의 조각공원과 반대편 바다 방향의 어민동산과 해양대학교로 내려가는 길. 이로써 유달산의 본체를 오르락 내리락 한 번 마친 셈이긴 한데, 이것만으로 그치면 당연히 유감이다.

지금까지 유달산 입구에서 정상으로 오르는 길을 소개했는데, 사실 입구의 반대편에는 유달산과 마주하여 동생처럼 솟아있는 봉우리가 있다. 노적봉이다. 해발 60미터의 露積峰! 임진왜란 때, 목포 앞바다에 왜군이 몰려들자 이 봉우리에 볏가리를 쌓아 상당한 군량미가 있는 것처럼 위장한 것을 왜적은 '저렇게 많이 식량을 쌓았으니 틀림없이 군사도 상당히 많으리라'고 도망갔다는 좀 황당무계한 전설이 내린다. 노적봉 뒤편으로 올라가면 다산을 상징하는 기이한 형태의 '여자나무'가 있고, 정상 부근에는 '시민종각'과 작은 공원이 있다.

유달산에는 허리를 도는 순환도로도 잘 정비되어 있다. 3킬로 정도 이르는 둘레길을 드라이브도 할 수 있고, 슬렁슬렁 걸어도 좋다. 오른편으로 내려다 보이는 목포 옛 도심을 구경하며 가다보면 우리나라에서 최초로 만들어진 조각공원도, 난공원도, 식물원도 만날 수 있다. 70년대 영화 '진짜진짜~' 시리즈에 등장했던 혜인여자고등학교의 높다란 석조 기둥 건물도 추억 속의 그림으로 새기며 지나가면 거기엔 또 새로 생긴 케이블카가 기다리고 있다. 우리나라 최장 코스의 바다를 건너는 '목포해양케이블카' 여기까지 왔으면 또 지갑을 열어 유달산 바위를 넘어 오르며 바다를 건너봐야 한다. 가까이서는 보기 어려웠던 기암괴석의 형체를 보다 멀리서 제대로 감상할 수 있으며, 바다 위를 날으며 보이는 목포 시가지와 선창의 전경은 가히 무릉도원, 별유천지 비인간의 세계다.

뭐든지 1등

김학래는 1935년 1월 29일 진도 월가리에서 태어났다. 가난해도 너무도 가난한 농부 집안의 장남이었다. 소년은 공부를 잘했다. 탁월해도 타의 추종을 불허하는 절대적 실력자였다. 초등학교와 중학교를 1등만 했다. 다른 친구들이 그 자리를 결코 넘겨보질 못했다. 중학교를 졸업하고 선생의 추천으로 체신고등학교를 지원하였다. 수업료 면제와 기숙사가 있다는 모집요강만 믿고 지원해서 합격까지 했는데, 알고보니 등록금을 내야하고 기숙사도 없다고 한다. 가정형편으로는 장남이라도 어떻게 해 줄 수 없었다. 결국 학교에 진학하질 못했다. 어린 마음에 처음으로 세상에서 당하는 좌절이요 슬픔이었으리라.

학교를 가지 못하면 독학을 해서라도 고시에 도전하려고 했다. 동네마다 공부좀 한다는 이마다 입신양명을 꿈꾸고 사시, 행시에 달려들던 시절이다. 사법고시를 꿈꾸고 열심내려 했는데, 그마저도 포기해야 했다. 주위에서 헌 책이라도 사서 공부해야 하는데, 그런 책을 당시 진도 섬에서는 구하기도 어렵고, 구입할 정도의 돈도 없었다. 결

국 그것도 포기해야 했고, 그나마 할 수 있는 교육공무원 시험에 도
전하였다. 불과 두 달 준비하여 1953년 문교부 준교사자격 검정고
시에 응했다. 10개 과목 평균 60점을 넘겨야 하는 3일간의 시험이었
다. 전라남도에서 800여명이 지원했고 21명만이 합격하였다. 그중
에서도 수석이었다. 고등학교도 나오지 않은 중졸자요, 앳된 19살의
소년이었는데, 늦게 호적 올린 탓에 법적으로는 불과 17살이었을 뿐
이었는데...

진도석교초등학교에 봄에 발령을 받았는데, 그때 너무 어려서 아기
교사로 불리었지요. 호적 나이에는 만 17세 전에 들어간 거지요. 민
법상 20세가 되어야 권리를 주는데 17세가 되지 않은 사람을 발령해
준 것은, 그 당시에는 사범학교를 나와야 교사자격증을 주는데 사범
학교를 못 나온 임시교사가 많았으며, 난 자격증이 있으니까 어리지
만 발령해 준 것이에요.

(김학래).

김학래는 1954년 6월, 진도 석교초등학교에 발령받아 교사로서의
그의 인생이 새로 시작되었다. 약관의 나이, 선생인 지 학생인 지 얼
핏 구분이 안되었다. 가난한 가정의 부모와 두 동생의 학업을 위해
주어진 일에 부지런과 열심만 내야 했다.
진도 관내 여러 학교를 돌며 신참내기 교사로서 성실하게 지내길 10
년 쯤하던 1965년, 생각지도 못한 필화사건을 겪었다.

연구 발표회는 굿이 아니다

인생의 모든 기초를 세운다는 이립, 30세 되던 해, 교사들의 연구 잡지인 "교육평론"에 글 하나를 게재하였는데, 이게 큰 파장을 일으켰다. 1965년 잡지에 실린 글의 내용이 진도교육청 관리자의 심기를 거슬리게 했는지, 돌연 진도에서도 한직으로 여기는 오지의 학교로 좌천성 발령을 당했다.

당시 '학교연구발표회'가 취지에서 벗어나 학생과 교사를 동원하고 희생하며 상당한 경비를 낭비하니 이런 비교육적 행태를 시정하자고 제안한 것인데, 교육청 당국에서는 오히려 무시하고 자신들의 명예를 손상시켰다며 죄책성 인사를 단행한 것이다. 전라남도 진도라는 시골 섬에서 이뤄진 너무도 작은 사건인데, 당시 조선일보는 이를 횡포인사라고 대서특필하는 바람에 전국에 큰 반향을 일으켰다. 평교사의 민주적 교육적 발언을 수용하지 못하고 보복성 인사로 대응하는 교육행정당국을 개인의 비운으로만 넘어갈 수는 없다는 공분의식에 월제는 조선일보에 이 사실을 알렸고 기사화 된 것이다. 젊은 날의 기개와 용기 정도가 아니라, 평생 교육자로서 또한 공공의 도리를 구하고 마음을 쏟았던 그다.

김학래는 초등학교 교사로서 45년 넘게 봉직하였다. 진도부터 시작하여 목포, 신안, 영암, 무안 등 전라남도 서남부 일대가 무대였다. 원래대로 65세 정년이라면 48년 이상을 봉직할 예정이었다. 그만 IMF로 교육공무원도 3년 단축되는 바람에 62세 퇴임해야 했다. 그 사건만 아니었어도 아마 대한민국 공무원으로서 최장수 복무 기록을 세웠을지도 모르는 일이었고, 선친께서는 그걸 가장 명예스럽게 여기려 했는데, 상당히 아쉬운 일이었다. 누구처럼 권력도 부도 얻지 못할 바에야 선한 명예라도 욕심낼만 했는데, 지닌 실력과 성실함에 비해 개인이 취하는 것은 별로였다. 그에게서 배우고 자란 제자들의 존경과 학부모들의 사랑 만이 훈장이었으려나.

강직한 교육자, 올곧음의 일생

교육자로서의 그의 삶은 존경과 본보기의 모델이었다. 언제나 사람들 앞에선 꾹 다문 입술처럼 그의 보수적 가치와 전통적 인간관이나 사회관념은 올곧음의 대명사로 여겨졌다. 일평생 이렇다할 그름이나 불미스런 일에 개입한 적은 커녕 오히려 주변인들로부터 늘 칭송

교육자이며 문인이었던 김학래 선생이 주도하여 내었던
1970년 전후의 목포 문예 교육 잡지

을 들어왔던 그다.

20여년 전인 2003년경 필자가 서울 생활을 청산하고 고향 목포로 내려왔을 때 일이다. 선배 목사와 교제하게 되었는데, 김학래 선생이 필자의 부친이란 사실에 그는 대단히 놀랐다. 자신은 몇 년 전 목포 대연초등학교 학부모회장을 지낼 때가 있었는데, 당시 교장이 김학래 선생이었단다. 그러면서 하는 말이, 당시 교장선생이 자신에게 신신당부하길 스승의 날은 물론 어느때고 절대 학부모들이 촌지하는 일은 없어야 한다고 강조하셨단다. 그래서 그가 재직할 동안에는 그 학교에서는 그런 일은 없었다고 하며 나를 다시 쳐다보았던 기억이 있다.

하나 더 들자면 이런 일도 있다. 언젠가 목포 어느 종합병원에 어머니께서 입원해 계실 때, 자주 아버지도 문병을 오시곤 했는데, 같은 병실에 있던 어느 노파가 아버지 앞에 찾아와 큰 절을 올리며 상당한 감사를 표했다. 신안 장산 섬주민이었다. 부친이 이 섬마을 학교에 교감으로 승진 발령되어 재직하던 때이니 1980년대 초일 듯하다. 오랜 세월이 흘렀지만, 당시 시골 섬 학교에서 김학래 선생은 아이들 뿐만 아니라 마을 주민들에게도 잘 대해 주셨다. 40여년 가까운 세월이 흘러 서로 다 노인이 되었지만, 그 할머니는 젊은 날의 교감선생이 어떻게 자신의 아이들과 마을 주민들에게 사랑과 마음을 베풀어 주셨는 지를 너무도 생생히 기억하며 고마움의 예를 다하는 모습을 옆에서 지켜본 적도 있다.

나는 그저 멋쩍게 웃을 뿐이었지만 아버지에 대한 인상과 남들의 평가는 늘 그렇게 좋은 면에서 일상이었고 별다르지도 않았다. 일생

을 정직하고 바르게 강직하게 살면서 사람에 대해선 한없이 다정하
셨던 선친이셨다. 어릴 적부터 익숙하게 알고 지내온 선친의 삶이요
인격이며 숱한 주변 사람들의 평가이다보니 어느순간 나에겐 대수
로운 것도 아니었다. 45년 넘는 오랜 교직 생활동안 공복으로서 허
튼 행동을 해 본적이 거의 없다. 행정 책임자로 교장도 좀 하고 했어
도 개인의 영화를 탐하지 않았다고 믿는다.

스스로의 힘과 노력으로

김우진, 박화성, 차범석, 김현 등 이 책에서 다룬 목포의 유명 문인
들이 한결같이 부잣집 아이로 자라 일본까지 유학도 하고 서구 문학
을 접하며 한국 문학의 선두 그룹을 형성할 수 있었지만, 김학래의
일생은 너무도 다른 얘기였다. 하다못해 고등학교도 가지 못하고 스
스로 직장을 구해 생활전선에 뛰어들어야 했던 그다.

김학래는 어릴 때부터 무엇이든 스스로의 힘과 노력으로 인생을 헤
쳐 나갔다. 독학과 성실함으로 교사가 되었고, 열심내며 얻은 박봉
으로 부모를 봉양하고 두 동생의 학비를 댔다. 그는 30대 목포로 전
근되어 낮에는 교사로 근무하고 밤에는 야학을 다닌 끝에 1973년 38
살이 되어서야 고등학교를 졸업하게 되었다. 그리고 57세되던 1992
년 방송통신대학교 초등교육과 5년 과정을 마치고 졸업, 비로소 학
사학위를 얻었다.

월제는 문단 데뷔도 자신만의 노력으로 이뤘다. 대학에서 문학을 배
운 것도 아니고 누구의 문하에서나 동인들과 교류하며 글을 접한 것

도 아니었다. 초등학교때부터 닥치는 대로 책을 읽고 글을 알아갔다. 어릴 때부터 우연찮게 접한 게 몽테뉴 수상록이었고, 김진섭의 글이었다. 학교에도 번듯한 도서관이 없고 책이 너무도 귀한 시골 섬마을 상황이다 보니, 어쩌다 발견하는 책 한 권 한 권마다 아동용이건 성인용이건 가릴 것 없이 죄다 읽었다.

30세를 전후로 3회에 걸친 추천으로 드디어 수필가로서 이름을 내기 시작했다. 같은 교사이면서 문학을 즐기는 이들과 동인을 꾸려 함께 문학의 지평을 세워 나갔으며, 개인 수필집도 내고 목포와 전

목포 예총회원들과 함께한 여행

라남도의 문인협회와 수필문학회 회장으로 문단을 이끄는 살림꾼 역할도 감당했다.

1960년대부터 2000년대에 이르기까지 목포에서 교육자이며 문학인으로 월제와 함께 동고동락하며 목포 문학을 이끌었던 이들은 무수히 많다. 다 거론하자면 끝도 없는데, 특별히 선친과 더 각별하기도 하고 필자의 스승이기도 하셨던 이들을 거론하자면, 박순범, 양문열, 최일환, 최재환, 박길장, 김재용 선생 등이다.

목포에서 일생을 살며 교육자로 문인으로 활약했던 이 분들의 삶과 작품에 대해 각별한 평가가 이어질 수 있기를 참으로 기대한다.

김학래는 평생 전남을 지키면서 전남문학의 발전을 이끌어왔다. 목포문협 회장(1987~1990)과 전남수필 회장(1990~1992), 전남문협 회장(1993~1995) 및 영호남수필문학회 전남회장(1994~1999) 등을 맡아서 전남문학의 텃밭을 일구고 가꾸는 데 주도적인 역할을 했다.

특히 수필창작에 진력하면서 전남수필계의 맏형 노릇을 해왔다. 목포에서 줄곧 작품 활동을 해온 그는 한국수필의 제1세대라고 할 수 있는 목포 출신 수필가 김진섭과 목포에서 교직과 출판에 종사하면서 문필활동을 펼쳤던 조희관의 뒤를 잇는 큰 산맥이라고 할 수 있다. 그는 전남문학을 대표하는 위치에 있으면서도 결코 자기를 내세우거나 위세를 떨치는 법이 없이 어디서나 겸손하며 고개를 먼저 숙인다. 그렇지만 불의를 보면 참지 못하여 문단에 분쟁이 있을 때마다 분연히 일어나 앞장서곤 한다. 동료와 후배 문인들로부터 존경을 받는 까닭이 여기에 있지 않을까.

그는 〈작가의 미덕〉이란 글에서, "순수하고 아름다운 글, 멋과 맛과 낭만이 흘러넘치는 글, 읽을 만하고 읽은 후 좋은 느낌과 가치관과 인간미를 터득케 하는 좋은 글을 쓰면서도 겸손을 잃지 않고 예를 알고 남을 배려하고 사양심을 지닌 작가"를 바람직한 작가의 요건 으로 꼽고 있는데, 바로 자신이 몸소 실천하는 바를 일컫는 말이 아 닌가 싶다.

(장병호, "김학래의 생애와 수필세계").

월제 김학래는 교사 문인들 중심으로 "목요회" 동인을 만들어 활동 하는 것을 시작으로 "목포교육", "목문학", "어린이목포" 등의 잡지 를 주동하여 펴냈고, 영역을 더 넓혀 지역 문인들을 규합하여 목포 의 옛 이름을 따 "청호문학"동인회를 만들고 회보를 여럿 내었다. 월제는 1986년 뒤늦게 한국문인협회에 가입을 하고 이듬해 목포문 협회장을 맡았다. 4년간 재직하면서 처음으로 '목포문협 신인상'을 제정하였고, 이미 1960년부터 발행하여 왔던 "목포문학"의 제작 출 판을 더 활성화하며 목포 지역 문학의 발전에 힘을 기울였다. 그는 전남문협의 일도, 그리고 수필가협회의 일도 맡아 지역 문단의 발전 에 공헌하였으며, 그동안 개인 수필집도 10권이나 내었다.

그는 자신이 열심내고 탁월한 업적을 많이 내어서도 그렇지만, 상복 도 상대적으로 많았다. 한국수필문학상, 전라남도문화상, 영호남수 필문학대상 등 문학 관련하여서 받은 상은 12개에 이르고 교육자로 서 받은 상도 부지기수다. 하다못해 무안초등학교 교장으로 재직시 엔 문교부에서 주는 환경관리 대상도 받았는데, 물론 교직원 전원이 오랫동안 수고하여 얻은 결실인데, 월제가 부임하던 해에 대표로 받은 것을 보면서, 선친은 이래저래 상복이 많다고 여겼다. 선친이 남긴 유품에는 그동안 모아 두었던 각종 자격증이나 상장들이 참으로 수두룩할 정도다.

월제의 자녀로서

그러니 월제의 자녀된 필자를 비롯한 우리 4남매는 그의 남다른 열심과 인내, 성과들을 참으로 사랑하고 존경한다.

월제는 1961년 같은 진도 출신의 김윤자를 아내로 맞아 4남매를 두고 오래도록 해로하였다. 맏이이며 필자인 양호, 차남 진석, 외동딸 미숙, 그리고 삼남 진광 등 4남매를 모두 고등교육을 하게 하고 각자 가정을 이루며 살아가도록 하였다.

자신은 가난한 집안에 태어나 제대로 공부도 못하고 일찍 생활전선에 뛰어들어 부모를 돌보며 동생들의 학비를 대었고, 박봉을 아내와 함께 아껴 네 자녀가 공부하는 데 최선으로 돌보았다. 자신이 어릴 적 학업을 잇지 못한 슬픔을 자녀들에게만은 물려주지 않으려 했는지 오히려 더한 것으로 자녀들을 챙겼다.

그 사랑과 은혜를 덧입어 우리 4남매도 나름 열심을 내고 공부를 잘했다. 동생들은 더더욱 선친의 어린 시절마냥 목포와 전라남도 권에서는 타의 추종을 불허하는 실력을 지녔고, 또한 선친의 문학적 재능도 이어받아 곧잘 글쓰기도 하며 여러 백일장에 나가 상장도 받는 게 예사였다.

목포 문학의 신르네상스를 꿈꾸는 목포 청소년 문사들

필자는 상대적으로 꾸준하진 못하고 어쩌다 한 번 정도 툭 불거진 장기를 내었으니, 그래저래 선친의 은덕으로 살아온 인생이다.

내 몸에는 기생충이 없다

- 목포북교초등학교 어린이 김양호

지난해 겨울 어느날이었습니다. 우리들은 학교에서 다같이 회충약을 먹었습니다. 선생님께서 회충이 얼마나 나왔는 지 우리들에게 조사하셨습니다. 한 마리 나왔다는 사람도 있고 한 마리도 안 나왔다는 사람도 있고 대두분의 동무들은 네 마리나 다섯 마리 나왔다고 말했으며 선생님은 이것을 다 적으셨습니다. 내 차례가 되었습니다. 나는 잠시 대답하기를 망설였습니다. 엉뚱하게 많기 때문이었습니다. 그러나 거짓말을 할 수는 없었습니다.
"네, 스물 네 마리 나왔습니다." 내가 이렇게 말하자 교실은 갑자기 웃음판이 되었습니다. 나는 무슨 죄라도 지은 사람처럼 부끄러워지고 얼굴이 화끈 달아올랐습니다. "왜들 웃는 거냐? 양호야말로 선생님 말씀을 잘 듣고 잘 실천했기 때문에 뱃속에 있는 벌레가 모조리 빠진 거야. 두고봐라, 이제부터 양호 입에 들어가는 건 모두 살이 되고 피가 될 것이니……" 선생님께서 이렇게 말씀하시자 떠들썩하던 교실은 금방 조용해졌습니다. 공연히 부끄러워 쩔쩔맸던 나도 제 정신으로 돌아왔습니다.
참말 나는 선생님께서 말씀하신 대로 실천했기 때문에 회충이 모조리 빠졌는 지 모릅니다. 회충약을 먹는 날 아침에는 밥을 먹지 않고 일찍 학교에 갔습니다. 약을 받아 먹고 3시간 공부를 마치고 집에 돌아왔을 때는 오전 10시경이었습니다. 나는 12시경에야 어머니께 서 끓여주는 죽을 먹었습니다.

다음날 아침이었습니다. 선생님 말씀대로 하자면 신문지 위에 용변 을 해야 되었습니다. 또 몇 마리 빠졌는지 세어보아야 되었습니다. 그게 좀 귀찮고 싫었습니다. 그래서 아빠를 졸랐습니다. "아참! 그 렇지. 오늘은 우리 양호 뱃속에서 나쁜 벌레가 나오는 날이지." 아 빠는 조금도 싫다 않고 변소에 따라가셨습니다. 그리고 긴 막대로 냄새나는 것을 헤치면서 한 마리, 두 마리...... 하고 세었습니다.

"야, 스물 네 마리나 나왔네. 양호군 시원하시겠습니다." 아빠가 이 렇게 말하자 할머니도 말씀하셨습니다. "글쎄 저것 얼굴이 항상 노 랗더랑께. 어째 먹어도 살이 안 찌고 하도 야윈께 참 별일이다. 키가 클라고 그라능가 했더니 쯧쯧 벌가지가 스무마리도 더 나왔어. 에라 시원하다. 인자부터는 살이 통통 찌것구나."

이번 봄에도 나는 충약을 먹었습니다. 이번에는 아빠가 사다주신 약 을 집에서 먹었습니다. 새벽 일찍 일어나서 먼저 사탕을 먹었습니 다. 배가 고픈 벌레들이 달콤한 사탕을 잘 먹을 거라고 했습니다. 좀 있다가 나는 드디어 충약 비페라를 먹었습니다. 벌레들은 이것도 사 탕인 줄 알고 잘 먹을거라고 했습니다.

약을 먹은 다음 날 아침 나는 또 신문지와 막대를 가지고 변소에 들 어갔습니다. 모두 여섯 마리 나왔습니다. "이젠 한 마리도 없을 거 야." 아빠가 이렇게 말씀하셨습니다.

기생충 이야기는 먼저 선생님으로부터 들었습니다. "맛있는 고기

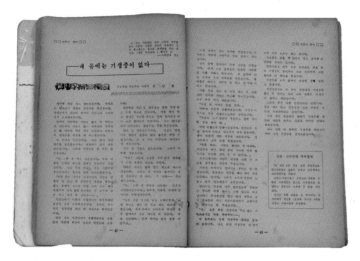

필자의 어린시절, 전국글쓰기대회에서
최고상을 받은 작품을 실은 '목포교육'(1970년)지에서

반찬만 먹으려고 할게 아니라 충을 빼야 돼." 이게 선생님의 말씀이
셨습니다. 선생님은 또 큰 붕어를 가지고 나오셔서 배를 땄습니다.
붕어 속에서 하얀 회충이 나왔습니다. 징그러워서 모두 눈을 돌렸습
니다. "잘들 봐라. 사람도 붕어도 한 가지다. 기생충은 여러 곳에 붙
어 사는데 이게 있어서는 튼튼한 몸이 될 수 없단다." 선생님께서는
사람의 내장을 그린 큰 그림을 펼쳐놓고 설명해 주셨습니다.

기생충 이야기는 할머니로부터도 잘 들었습니다. 옛날에는 회충을
빼는 약이 거의 없었다고 합니다. 그래서 모두가 얼굴이 노랗고 배
가 아프다면서 울었답니다. 할머니도 회충이 아주 많았었는데, 언제
가는 콩나물 국을 마시고 그게 입으로 다시 넘어와서 콩나물인 줄
알고 다시 깨물고 보니 콩나물이 아닌 회충이었다면서 소름끼치는
이야기도 해 주셨습니다. "참, 요새 좋은 세상이지. 약도 많고 또 학

교에서도 약을 먹여주니......"

내 몸속에는 이제 기생충이 하나도 없는 것 같습니다. 나는 이제 기생충이 안 생기도록 미리 조심만 하면 됩니다. 채소같은 것을 꼭 끓여서 먹고 음식을 조심하면 된다고 합니다. 땅바닥에서 자꾸 구슬치기 같은 것을 해도 기생충이 들어가니 나는 이제부터 그런 놀이를 안 하기로 했습니다. 기생충을 모두 없애면 건강한 몸이 된다고 했습니다.

선생님께서는 또 우리 몸속에만 기생충이 있는 게 아니고 우리나라 안에도 기생충이 있다고 하셨습니다. 그것은 몹시 나쁜 간첩이라는 것입니다. 일을 하지 않고 빈둥빈둥 노는 사람은 나라의 기생충이라는 것입니다. 우리 몸이 튼튼하기 위해서 기생충을 잡듯이 나라를 좀먹는 간첩은 잡아야 된다고 하셨습니다.

나는 인제 내 몸 속의 기생충을 잡았으니 나라 안의 기생충을 잡아보겠습니다.

(* 이 글은 사단법인 한국기생충박멸협회가 주최한 기생충 글쓰기대회에서
전국 최고상으로 문교부장관상을 받은 것이다.
상품 탁상시계1 현미경1 편집자주. "목포교육", 3호, 1970년).

금수저니 흙수저니 하는 말이 어느 때보다 새로운 갈등이 되고 있다. 학력, 계층, 직업세습의 불평등의 심화로 인한 기회의 차별이 불거지며 정의로운 해법을 요구하고 있다.

부모로서 자녀에게 각별한 애정을 가지며 잘해주려하는 것은 인지상정일 것이다. 이기와 이타에서 정도의 문제가 있고, 균형의 배려

가 늘 고려되어야 하는데, 누구든 어려운 일이다. 필자가 초등학교 학생일 때 선친은 같은 학교 선생이었다. 학교에서 내가 누리는 교육적 특혜는 대단치는 않아도 얼마는 있었을까?

백일장 대회가 있을 때면 우리 담임선생님들은 늘 나를 지목하여 내보냈는데, 과연 동료교사였던 선친의 입김이 전혀 없었으려나. 그리고 대체로 대회에 나가 아무렇게라도 끄적거리면 며칠 지나 으레껏 입선이니 특선이니 상을 받곤 했는데,… 물론 내가 아무것도 안한 것은 아닐 것이고 그나마 뭐라도 써낸 결과물로 얻은 것이긴 할지라도, 일찍이 선친에게서 알게 모르게 배우고 얻어 나름 글쓰기에도 취미를 붙이고 지금은 성인이 되어서도 여러 책을 내는 작가가 되었으니 감사한 일이다.

그렇게 얻은 여러 성과물 가운데 1970년 초등시절 쓴 글은 대단한 평가를 받았고, 선친은 이를 자신이 편집하던 교육지에도 게재하셨으며, 당시 받았던 상장과 함께 오래도록 보존하여 주셨다. 쑥스러움 있지만 모처럼 이 "목포문학기행"을 쓰면서 선친도 기리는 김에 은근슬쩍 필자의 어린 날을 끼어넣기 하는 것에 독자제위들께선 넓은 아량을 보여 주시길 구하오니!

목포 르네상스의 부활을 기대하며

누구보다 탁월하고 멋진 교육자요 수필가로 사신 선친에게, 자녀된 자로서의 개인적 소회는 필자는 너무도 못된 불효자였다. 학교 직장에서 실력과 결과로는 누구보다 잘하고 탁월하였지만, 사범대를 나오지 못한 탓에 늘 승진이나 여러 기회에서 밀리곤 하는 선친은 당신 장남인 필자만큼은 반드시 사범대로 진학하여 번듯한 대학출신 선생이 되기를 바라셨다. 공부를 잘했던 차남에게는 어릴적 못 이룬 사법고시를 패스해 검판사가 되어주길 바라셨다. 헌데, 나는 완강히 고집부리며 목회자가 되려 해왔고, 동생은 국문학자의 길을 걸어 갔으니 선친은 얼마나 씁쓸해 하였을까? 그 아쉬움을 미루고 자족하며 그래도 4자녀가 나름 자기 길을 걸으며 큰 사고 일으키지 않고 지내는 것을 감사하며 노년을 복되게 지내셨다니, 송구함과 감사가 늘 많다.

목포문학박람회

2021
목포
문학
박람회

MOKPO LITERARY EXPO

목포, 한국근대문학의 시작에서 미래문학의 상상로

10. 7. (목)
~
10. 10. (일)

목포문학관 달맞이축제사장)
영화광장 / 원도심 일원

목포문학관 1
Mokpo Museum of Literature

월제 김학래는 2020년 6월 17일 소천하였다. 아이들 사랑하고 학부모들로부터 존경받는 교육자였으며, 수필가요 지역문단의 지도자로서 동료 후배들의 많은 사랑을 받았다. 그럼에도 그를 비롯한 이 지역의 많은 문학인들이 노력과 결과에 비해 그다지 높은 평가 받지 못하는 것은 참으로 아쉬운 대목이다.

가까이 있는 것을 소중히 하며 존중할 수 있어야 한다. 우리 고장의 우리 문학인들과 예술을 사랑하고 평가할 수 있어야 하지 않겠는가. 자랑할 게 많고 모두에게 유익이 될만한 내용들을 많이 보유하고 있는 우리 목포임에도 이 지역의 학자들과 일군들이 우리 스스로에 대해 알려고 하지 않고 연구하지 않는 것이 심히 유감스럽다.

이 지역에서 문학을 하고 대학에서 배우기까지 하며 이 고장에서 오랜 세월을 보내고 일하는 한 시민으로서 우리 문학과 우리 고장에 대해 엮여진 좋은 글이 없어 보여 안타까왔다. 주제도 모르는 엉터리 오지랖일런지 몰라도 나라도 해야하지 않나, 하는 책임이 들었고

욕심도 더해 2021년 여름 땀 흘리며 이 책을 써 왔다.

선친 가신지 지난 1년, 불효에 대한 늦은 회한에 젖어 그를 기억하며 사랑을 떠올릴수록 생각이 미치고 책상 앞에 앉게 되어 여기까지 왔다. 아들의 작은 노력에 기쁘게 여겨주시고 흡족히 여겨 주실려나. 철 잃은 사부곡을 부르며 선친을 비롯한 모든 목포의 선배 문인들과 우리 고장을 그리려 달려 왔다.

목포에서 살며 목포를 사랑하고 문학과 예술을 피워 올리려 애쓰는 이 고장의 모든 문인들을 존경하고 그들의 분발 열심 발휘되어 목포가 더 멋지고 아름다운 고장으로, 시민들의 삶이 더 건강하고 행복할 수 있기를 기대한다. 대한민국 뿐만 아니라 전 세계 시민들이 문화와 예술을 찾아 목포를 찾게 되어 새로운 르네상스 목포로 올라서길 참으로 축복한다.